스스로 알아서 하는

계산편

하루 10분 수학

11 단계
6학년 1학기 과정

하루10분수학(계산편)의 소개

스스로 알아서 하는 하루10분수학으로 공부에 자신감을 가지자!!!
스스로 공부 할 줄 아는 학생이 공부를 잘하게 됩니다.
책상에 앉으면 제일 처음 '하루10분수학'을 펴서 공부해 보세요.
기본적인 수학의 개념과 계산력 훈련은 집중력을 늘리게 되고
이 자신감으로 다른 학습도 하고 싶은 마음이 생길 것입니다.
매일매일 스스로 책상에 앉아서 연습하고 이어서 할 것을 계획하는 버릇이 생기면
비로소 자기주도학습이 몸에 배게 됩니다.

하루10분수학(계산편)의 활용

1. 아침 학교 가기 전 집에서 하루를 준비하세요.
2. 등교 후 1교시 수업 전 학교에서 풀고, 수업 준비를 완료하세요.
3. 하교 후 정한 시간에 책상에 앉고 제일 처음 이 교재를 학습하세요.

하루10분수학은 수학의 개념/원리 부분을 스스로 익혀
학교와 학원의 수업에서 이해가 빨리 되도록 돕고, 생각을 더 많이 할 수 있게 해 주는 교재입니다.
'1페이지 10분 100일 +8일 과정' 혹은 '5페이지 20일 속성 과정'으로 이용하도록 구성되어 있습니다.
본문의 오랜지색과 검정색의 조화는 기분을 좋게하고, 집중력을 높이데 많은 도움이 됩니다.

꿈을 향한 나의 목표

화이팅!!

나는 　　　　　　(하)고　　　　　　　　한

(이)가 될거예요!

공부의 목표

예체능의 목표

생활의 목표

건강의 목표

목표를 향한 **나의 실천계획**

 공부의 목표를 달성하기 위해

1.

2.

3.

할거예요.

 예체능의 목표를 달성하기 위해

1.

2.

3.

할거예요.

 생활의 목표를 달성하기 위해

1.

2.

3.

할거예요.

건강의 목표를 달성하기 위해

1.

2.

3.

할거예요.

 나의 목표를 꼼꼼히 세우고, 목표를 달성하기위해 노력해요^^

HAPPY

꿈을 향한 **나의 일정표**

 화이팅!!

월

SUN	MON	TUE	WED	THU	FRI	SAT

메모 하세요!

월

SUN	MON	TUE	WED	THU	FRI	SAT

메모 하세요!

SMILE

꿈을 향한 나의 일정표

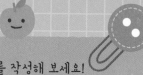

화이팅!!

월 — — — — — — — — — —

이달의일정표를 작성해 보세요!

SUN	MON	TUE	WED	THU	FRI	SAT

메모 하세요!

- ■
- ■
- ■
- ■
- ■

월 — — — — — — — — — —

SUN	MON	TUE	WED	THU	FRI	SAT

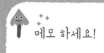

메모 하세요!

- ■
- ■
- ■

1일 10분 100일 / 1일 5회 20일 과정

회차	페이지	내 용	틀린점수
01	12	자연수 ÷ 단위분수	
02	13	진분수 ÷ 진분수 (1)	
03	14	빈분수 ÷ 진분수 (연습1)	
04	15	진분수 ÷ 진분수 (연습2)	
05	16	분수의 나눗셈 (생각문제1)	
06	18	진분수 ÷ 진분수 (2)	
07	19	진분수 ÷ 진분수 (연습3)	
08	20	분수식의 크기	
09	21	곱셈식에서 모르는 값 찾기	
10	22	분수의 나눗셈 (생각문제2)	
11	24	자연수 ÷ 진분수	
12	25	자연수 ÷ 진분수 (연습)	
13	26	대분수 ÷ 대분수	
14	27	대분수 ÷ 대분수 (연습)	
15	28	분수의 나눗셈 (생각문제3)	
16	30	분수의 나눗셈 (연습1)	
17	31	분수의 나눗셈 (연습2)	
18	32	분수의 나눗셈 (연습3)	
19	33	분수의 나눗셈 (연습4)	
20	34	분수의 나눗셈 (생각문제4)	
21	36	소수1째자리 소수 ÷ 자연수 (1)	
22	37	소수1째자리 소수 ÷ 자연수 (2)	
23	38	소수2째자리 소수 ÷ 자연수 (1)	
24	39	소수2째자리 소수 ÷ 자연수 (2)	
25	40	소수 ÷ 자연수 (연습)	

회차	페이지	내 용	틀린점수
26	42	0을 내려 계산하는 소수 ÷ 자연수 (1)	
27	43	0을 내려 계산하는 소수 ÷ 자연수 (2)	
28	44	몫이 소수인 자연수 ÷ 자연수 (1)	
29	45	몫이 소수인 자연수 ÷ 자연수 (2)	
30	46	소수 ÷ 자연수 (연습2)	
31	48	소수 1자리수 ÷ 소수 1자리수	
32	49	소수 1자리수 ÷ 소수 1자리수 (연습)	
33	50	소수 2자리수 ÷ 소수 2자리수	
34	51	소수 2자리수 ÷ 소수 2자리수 (연습)	
35	52	소수의 나눗셈 (생각문제1)	
36	54	자릿수가 다른 소수의 나눗셈	
37	55	자릿수가 다른 소수의 나눗셈 (연습)	
38	56	자연수 ÷ 소수	
39	57	자연수 ÷ 소수 (연습)	
40	58	소수점의 법칙	
41	60	소수의 나눗셈과 나머지 (1)	
42	61	소수의 나눗셈과 나머지 (2)	
43	62	소수의 나눗셈을 검산하기 (연습)	
44	63	소수의 나눗셈 (생각문제2)	
45	64	소수의 나눗셈 (생각문제3)	
46	66	소수를 어림하여 나타내기	
47	67	소수의 몫을 어림하여 나타내기	
48	68	소수의 몫을 어림하여 나타내기 (연습1)	
49	69	소수의 몫을 어림하여 나타내기 (연습2)	
50	70	소수의 나눗셈 (생각문제4)	

※ 문제를 풀고난 후 틀린 점수를 적고 약한 부분을 확인하세요.

회차	페이지	내용	틀린점수
76	102	비교하는 양 / 기준량 (생각문제 1)	
77	103	비교하는 양 / 기준량 (생각문제 2)	
78	104	평행사변형과 삼각형의 넓이	
79	105	사다리꼴과 마름모의 넓이	
80	106	다각형의 이름과 넓이 (연습)	
81	108	진분수의 덧셈	
82	109	대분수의 덧셈	
83	110	대분수의 덧셈 (연습1)	
84	111	대분수의 덧셈 (연습2)	
85	112	분수의 덧셈 (생각문제)	
86	114	진분수의 뺄셈	
87	115	대분수의 뺄셈 (1)	
88	116	대분수의 뺄셈 (2)	
89	117	대분수의 뺄셈 (3)	
90	118	분수의 뺄셈 (생각문제)	
91	120	분수의 덧셈과 뺄셈 (연습1)	
92	121	분수의 덧셈과 뺄셈 (연습2)	
93	122	분수의 덧셈과 뺄셈 (연습3)	
94	123	분수의 덧셈과 뺄셈 (연습4)	
95	124	분수의 덧셈과 뺄셈 (연습5)	
96	126	원주와 원주율	
97	127	원주와 원주율 (연습)	
98	128	원의 넓이	
99	129	원의 넓이 (연습)	
100	130	원 (연습)	

특별부록 : 총정리 문제 8회분 수록

회차	페이지	내용	틀린점수
51	72	각기둥	
52	73	각뿔	
53	74	각기둥과 각뿔 (1)	
54	75	각기둥과 각뿔 (2)	
55	76	각기둥과 각뿔 (연습)	
56	78	넓이의 단위 m^2, a	
57	79	넓이의 단위 ha, km^2	
58	80	m^2, a, ha, km^2의 관계	
59	81	육면체의 겉넓이	
60	82	육면체의 겉넓이 (연습)	
61	84	부피의 단위 cm^3, m^3	
62	85	육면체의 부피	
63	86	육면체의 부피 (연습)	
64	87	육면체의 겉넓이와 부피 (연습1)	
65	88	육면체의 겉넓이와 부피 (연습2)	
66	90	비	
67	91	비 (연습)	
68	92	비율	
69	93	비율 (연습)	
70	94	비율 (생각문제)	
71	96	백분율	
72	97	백분율 (연습1)	
73	98	백분율 (연습2)	
74	99	비교하는 양 / 기준량 구하기	
75	100	비교하는 양 / 기준량 구하기 (연습)	

하루10분수학(계산편)의 구성

1. 오늘 공부할 제목을 읽습니다.

2. 개념부분을 가능한 소리내어 읽으면서 이해합니다.

3. 개념부분을 참고하여 가능한 소리내어 읽으며 문제를 풉니다. 시작하기전 시계로 시간을 잽니다.

4. 다 풀었으면, 걸린시간을 적습니다. 정확히 풀다보면 빨라져요!!! 시간은 참고만^^

5. 스스로 답을 맞히고, 점수를 써 넣습니다. 틀린 문제는 다시 풀어봅니다.

6. 모두 끝났으면, 이어서 공부나 연습할 것을 스스로 정하고 실천합니다.

소리내어 읽기

1 수 3개의 계산 (2)

월 일
분 초

19 문제중 몇제 맞았니!

4 + 1 - 3 의 계산

사과 4개에서 사과 1개를 더하면 사과 5개가 되고,
5개에서 3개를 빼면 사과는 2개가 됩니다.
이 것을 식으로 4+1-3=2이라고 씁니다.

4+1-3의 계산은 처음 두개 4+1을 먼저 계산하고, 그 값에
뒤에 있는 -3을 계산하면 됩니다.

$$4 + 1 - 3 = 2$$
$$5$$
$$2$$

※ 여러 개의 식이 붙어 있으면, 처음부터 한개 한개 계산합니다.

소리내어 풀기 위의 내용을 생각해서 아래의 □에 알맞은 수를 적으세요.

1 2 + 2 - 1 = □
   4
   3

5 2 + 3 - 3 = □

9 5 + 2 - 6 = □

2 4 + 3 - 5 = □

6 5 + 2 - 4 = □

10 3 + 4 - 5 = □

3 5 + 4 - 2 = □

7 4 + 1 - 2 = □

11 1 + 6 - 3 = □

4 3 + 0 - 3 = □

8 8 + 1 - 0 = □

12 4 + 6 - 4 = □

이어서 나오는 ___ 을(를) 공부/연습할거야!! 05

---

tip 교재를 완전히 펴서 사용해도 잘 뜯어지지 않습니다.

스스로 알아서 하는

하루 10분 수학

계산편

배울 내용

01회~20회　　분수의 나눗셈

21회~50회　　소수의 나눗셈

51회~65회　　각기둥과 각뿔, 육면체의 부피

66회~77회　　비와 비율, 비교하는 양/기준량

81회~95회　　분수의 덧셈과 뺄셈

96회~100회　　원주와 원의 넓이

101회~108회　　총정리

11단계

6학년 1학기 과정

 자연수 ÷ 단위분수를 곱셈으로 나타내고 몫을 분수로 나타내기

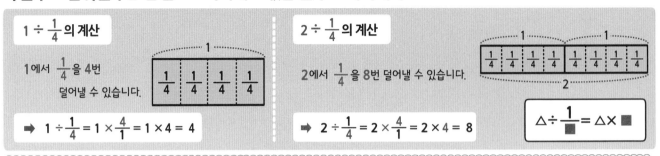

$1 \div \frac{1}{4}$ 의 계산

1에서 $\frac{1}{4}$ 을 4번 덜어낼 수 있습니다.

➡ $1 \div \frac{1}{4} = 1 \times \frac{4}{1} = 1 \times 4 = 4$

$2 \div \frac{1}{4}$ 의 계산

2에서 $\frac{1}{4}$ 을 8번 덜어낼 수 있습니다.

➡ $2 \div \frac{1}{4} = 2 \times \frac{4}{1} = 2 \times 4 = 8$

$\triangle \div \frac{1}{\blacksquare} = \triangle \times \blacksquare$

 나눗셈을 곱셈으로 나타내고, 나눗셈의 몫을 분수로 나타내세요.

예시) $8 \div \frac{1}{6} = 8 \times \frac{6}{1} = 8 \times 6 = 48$

예시) 생략 $8 \div \frac{1}{6} = 8 \times \frac{6}{1} = 8 \times 6 = 48$

01. $1 \div \frac{1}{3} = \boxed{} \times \dfrac{\boxed{}}{1} = 1 \times \boxed{} = \boxed{}$

07. $9 \div \frac{1}{7} = \boxed{} \times \boxed{} = \boxed{}$

02. $2 \div \frac{1}{3} = \boxed{} \times \dfrac{\boxed{}}{1} = 2 \times \boxed{} = \boxed{}$

08. $6 \div \frac{1}{4} = \boxed{} \times \boxed{} = \boxed{}$

03. $3 \div \frac{1}{3} = \boxed{} \times \dfrac{\boxed{}}{1} = 3 \times \boxed{} = \boxed{}$

09. $8 \div \frac{1}{5} = \boxed{} \times \boxed{} = \boxed{}$

04. $4 \div \frac{1}{5} = \boxed{} \times \dfrac{\boxed{}}{\boxed{}} = 4 \times \boxed{} = \boxed{}$

10. $5 \div \frac{1}{8} = \boxed{} \times \boxed{} = \boxed{}$

05. $6 \div \frac{1}{9} = \boxed{} \times \dfrac{\boxed{}}{\boxed{}} = 6 \times \boxed{} = \boxed{}$

11. $4 \div \frac{1}{12} = \boxed{} \times \boxed{} = \boxed{}$

06. $8 \div \frac{1}{2} = \boxed{} \times \dfrac{\boxed{}}{\boxed{}} = 8 \times \boxed{} = \boxed{}$

12. $6 \div \frac{1}{6} = \boxed{} \times \boxed{} = \boxed{}$

※ 8에서 $\frac{1}{2}$ 을 $\boxed{}$ 번 덜어 낼 수 있습니다.

※ 6에서 $\frac{1}{6}$ 을 $\boxed{}$ 번 덜어 낼 수 있습니다.

 분모가 같은 진분수÷진분수

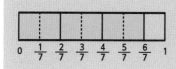

$\dfrac{6}{7}$에서 $\dfrac{2}{7}$를 3번 덜어낼 수 있습니다. (뺄 수 있습니다.)

$$\dfrac{6}{7} \div \dfrac{2}{7} = \dfrac{6}{7} \times \dfrac{7}{2} = \dfrac{6}{2} = 6 \div 2 = 3$$

$\dfrac{6}{7} \div \dfrac{2}{7}$의 계산 ①

$$\dfrac{6}{7} \div \dfrac{2}{7} = \dfrac{6}{7} \times \dfrac{7}{2} = \dfrac{6}{2} = 3$$

$$\dfrac{\bigstar}{\blacksquare} \div \dfrac{\blacktriangle}{\blacksquare} = \dfrac{\bigstar}{\blacksquare} \times \dfrac{\blacksquare}{\blacktriangle}$$

$\dfrac{6}{7} \div \dfrac{2}{7}$의 계산 ②

$$\dfrac{6}{7} \div \dfrac{2}{7} = 6 \div 2 = 3$$

$$\dfrac{\bigstar}{\blacksquare} \div \dfrac{\blacktriangle}{\blacksquare} = \bigstar \div \blacktriangle$$

 나눗셈을 곱셈으로 나타내고, 나눗셈의 몫을 구하세요.

예시) $\dfrac{5}{6} \div \dfrac{2}{6} = \dfrac{5}{6} \times \dfrac{6}{2} = \dfrac{5}{2} = 2\dfrac{1}{2}$

생략

예시) $\dfrac{5}{6} \div \dfrac{2}{6} = \dfrac{5}{6} \times \dfrac{6}{2} = \dfrac{5}{2} = 5 \div 2 = \dfrac{5}{2} = 2\dfrac{1}{2}$

01. $\dfrac{3}{4} \div \dfrac{1}{4} = \dfrac{\boxed{}}{\boxed{}} \times \dfrac{\boxed{}}{\boxed{}} = \boxed{}$

07. $\dfrac{3}{4} \div \dfrac{1}{4} = \boxed{} \div \boxed{} = \dfrac{\boxed{}}{\boxed{}} = \boxed{}$

02. $\dfrac{4}{7} \div \dfrac{6}{7} = \dfrac{\boxed{}}{\boxed{}} \times \dfrac{\boxed{}}{\boxed{}} = \boxed{}$

08. $\dfrac{4}{7} \div \dfrac{6}{7} = \boxed{} \div \boxed{} = \dfrac{}{} = \dfrac{}{}$

03. $\dfrac{9}{10} \div \dfrac{3}{10} = \dfrac{}{} \times \dfrac{}{} = \boxed{}$

09. $\dfrac{9}{10} \div \dfrac{3}{10} = \boxed{} \div \boxed{} =$

04. $\dfrac{7}{11} \div \dfrac{2}{11} = \dfrac{}{} \times \dfrac{}{} = \boxed{}$

10. $\dfrac{7}{11} \div \dfrac{2}{11} = \boxed{} \div \boxed{} = \dfrac{}{} =$

05. $\dfrac{14}{15} \div \dfrac{7}{15} = \dfrac{}{} \times \dfrac{}{} = \boxed{}$

※ $\dfrac{14}{15}$에서 $\dfrac{7}{15}$을 $\boxed{}$ 번 덜어 낼 수 있습니다.

11. $\dfrac{16}{21} \div \dfrac{4}{21} = \boxed{} \div \boxed{} = \boxed{}$

※ $\dfrac{16}{21}$에서 $\dfrac{4}{21}$를 $\boxed{}$ 번 덜어 낼 수 있습니다.

06. $\dfrac{6}{7} \div \dfrac{4}{7} = \dfrac{}{} = \boxed{}$

12. $\dfrac{14}{25} \div \dfrac{21}{25} = \dfrac{}{} = \dfrac{}{}$

※ 모든 분수 계산은 약분 가능하면 약분하고, 가분수는 대분수로 만들어 줘야 합니다.

03 진분수 ÷ 진분수 (연습1)

아래에 있는 분수의 나눗셈을 계산하세요.

01. $1 \div 9 = \dfrac{\quad}{\quad}$ ───▶ ※ 1을 9 등분하면 ☐ 이 됩니다. 1 에서 ☐ 을 9 번 뺄 수 있습니다.

02. $\dfrac{1}{2} \div \dfrac{1}{2} = \dfrac{\quad}{\quad} \times \dfrac{\quad}{\quad} = \dfrac{\quad}{\quad} = \square \div \square = \square$ ───▶ ※ $\dfrac{1}{2}$ 에서 $\dfrac{1}{2}$ 을 ☐ 번 뺄 수 있습니다. (덜어 낼 수 있습니다)

03. $\dfrac{4}{5} \div \dfrac{2}{5} = \dfrac{\quad}{\quad} \times \dfrac{\quad}{\quad} = \square \div \square = \square$ ───▶ ※ $\dfrac{4}{5}$ 에서 $\dfrac{2}{5}$ 를 ☐ 번 뺄 수 있습니다. (덜어 낼 수 있습니다)

04. $\dfrac{7}{8} \div \dfrac{3}{8} = \dfrac{\quad}{\quad} \times \dfrac{\quad}{\quad} = \dfrac{\quad}{\quad} = \square \div \square = \square$

05. $\dfrac{3}{13} \div \dfrac{10}{13} = \dfrac{\quad}{\quad} \times \dfrac{\quad}{\quad} = \dfrac{\quad}{\quad} = \square \div \square = \dfrac{\quad}{\quad}$

예시) $\dfrac{6}{7} \div \dfrac{2}{7} = \dfrac{6}{7} \times \dfrac{7}{2} = \dfrac{6}{2} = 6 \div 2 = 3$ (생략)

예시) $\dfrac{5}{16} \div \dfrac{1}{16} = \dfrac{5}{16} \times \dfrac{16}{1} = \dfrac{5}{1} = 5 \div 1 = \dfrac{5}{1} = 5$ (생략)

06. $\dfrac{2}{3} \div \dfrac{1}{3} = \dfrac{\quad}{\quad} \times \dfrac{\quad}{\quad} = \dfrac{\quad}{\quad} = \square$

07. $\dfrac{1}{6} \div \dfrac{5}{6} = \dfrac{\quad}{\quad} \times \dfrac{\quad}{\quad} = \dfrac{\quad}{\quad}$

08. $\dfrac{9}{10} \div \dfrac{7}{10} = \dfrac{\quad}{\quad} \times \dfrac{\quad}{\quad} = \dfrac{\quad}{\quad} = \square$

09. $\dfrac{20}{23} \div \dfrac{4}{23} = \dfrac{\quad}{\quad} \times \dfrac{\quad}{\quad} = \dfrac{\quad}{\quad} = \square$

10. $\dfrac{3}{4} \div \dfrac{1}{4} = \square \div \square = \square$

11. $\dfrac{6}{19} \div \dfrac{2}{19} = \square \div \square = \square$

12. $\dfrac{11}{14} \div \dfrac{3}{14} = \dfrac{\quad}{\quad} = \square$

13. $\dfrac{36}{97} \div \dfrac{12}{97} = \dfrac{\quad}{\quad} = \square$

이어서 나는 ☐ 을(를) 공부/연습할거야!!

Mon 월 일
⊘ 분 초

13 문제중 문제 맞았어!

 소리내 풀기

아래에 있는 분수의 나눗셈을 계산하세요.

01. $1 \div 7 = \dfrac{\quad}{\quad}$ ------→ ※ 7 에서 ☐ 은 1 입니다. 7을 ☐ 번 더하면 1 이 됩니다.

02. $\dfrac{3}{4} \div \dfrac{1}{4} = \dfrac{\quad}{\quad} \times \dfrac{\quad}{\quad} = \boxed{} \div \boxed{} = \boxed{}$ ------→ ※ $\dfrac{1}{4}$ 을(이) ☐ 번 더하면(개 있으면) $\dfrac{3}{4}$ 이 됩니다.

03. $\dfrac{6}{7} \div \dfrac{3}{7} = \dfrac{\quad}{\quad} \times \dfrac{\quad}{\quad} = \boxed{} \div \boxed{} = \boxed{}$ ------→ ※ $\dfrac{3}{7}$ 을(이) ☐ 번 더하면(개 있으면) $\dfrac{6}{7}$ 이 됩니다.

04. $\dfrac{15}{19} \div \dfrac{5}{19} = \dfrac{\quad}{\quad} \times \dfrac{\quad}{\quad} = \boxed{} \div \boxed{} = \boxed{}$

05. $\dfrac{10}{21} \div \dfrac{16}{21} = \dfrac{\quad}{\quad} \times \dfrac{\quad}{\quad} = \boxed{} \div \boxed{} = \dfrac{\quad}{\quad}$

예시) $\dfrac{8}{9} \div \dfrac{2}{9} = \dfrac{8}{9} \times \dfrac{9}{2} = \dfrac{8}{2} = 8 \div 2 = 4$ 생략

예시) $\dfrac{4}{19} \div \dfrac{1}{19} = \dfrac{4}{19} \times \dfrac{19}{1} = \dfrac{4}{1} = 4 \div 1 = \dfrac{4}{1} = 4$ 생략

06. $\dfrac{3}{5} \div \dfrac{1}{5} = \dfrac{\quad}{\quad} \times \dfrac{\quad}{\quad} = \boxed{}$

07. $\dfrac{1}{8} \div \dfrac{7}{8} = \dfrac{\quad}{\quad} \times \dfrac{\quad}{\quad} = $

08. $\dfrac{14}{15} \div \dfrac{2}{15} = \dfrac{\quad}{\quad} \times \dfrac{\quad}{\quad} = \boxed{}$

09. $\dfrac{15}{17} \div \dfrac{6}{17} = \dfrac{\quad}{\quad} \times \dfrac{\quad}{\quad} = \boxed{}$

10. $\dfrac{3}{7} \div \dfrac{4}{7} = \boxed{} \div \boxed{} = \dfrac{\quad}{\quad}$

11. $\dfrac{1}{6} \div \dfrac{5}{6} = \boxed{} \div \boxed{} = $

12. $\dfrac{13}{20} \div \dfrac{3}{20} = \dfrac{\quad}{\quad} = \boxed{}$

13. $\dfrac{45}{88} \div \dfrac{9}{88} = \dfrac{\quad}{\quad} = \boxed{}$

05 분수의 나눗셈 (생각문제1)

 문제) 어제 먹다 남은 음료수 $\frac{4}{5}$ L 를 $\frac{1}{10}$ L 씩 컵에 따라 놓았습니다. 따라놓은 컵은 몇 잔이 될까요?

풀이) 음료수의 양 = $\frac{4}{5}$ L   컵의 양 = $\frac{1}{10}$ L

컵의 개수 = 전체 음료수의 양 ÷ 컵의 양 이므로

식은 $\frac{4}{5} \div \frac{1}{10}$ 이고, 값은 8 입니다.

식) $\frac{4}{5} \div \frac{1}{10}$ 답) 8 잔

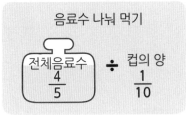

음료수 나눠 먹기

전체음료수 $\frac{4}{5}$ ÷ 컵의 양 $\frac{1}{10}$

 아래의 문제를 풀어보세요.

01. 넓이가 $\frac{3}{4}$ m²인 벽을 칠하는데 $\frac{7}{8}$ L 의 페인트가 사용되었습니다. 1 m²을 칠하는데는 몇 L가 사용되었을까요?

(분수로 나타내세요)

(식 2점
답 1점)

풀이)

식) _____   답) _____

답을 적을때는
꼭 단위를 적습니다.
단위를 안적으면
틀린답이 됩니다.

02. 길이가 $\frac{6}{7}$ cm인 노란줄을 $\frac{3}{14}$ cm씩 자르면, 노란줄은 몇 개가 될까요?

(식 2점
답 1점)

풀이)

식) _____   답) _____

03. $\frac{7}{9}$ km인 거리를 $\frac{2}{3}$ 시간동안 걸어서 도착했습니다. 이 속도로 1 시간을 간다면 몇 km을 갈 수 있을까요?

(식 2점
답 1점)

풀이)

식) _____   답) _____

(어떤수) × ★ = ■
어떤수 = ■ ÷ ★

04. 내가 문제를 만들어 풀어 봅니다. (진분수 ÷ 진분수)

풀이)

문제 2점
(식 2점)
답 2점

식) _____   답) _____

확인 (틀린 문제의 수를 적고, 약한 부분을 보충하세요.)

회차	틀린문제수
01 회	문제
02 회	문제
03 회	문제
04 회	문제
05 회	문제

생각해보기

앞에서 배운 5회차 내용이 모두 이해 되었나요?

1. 모두 이해되고 자신있다. → 다음 회로 넘어 갑니다.

2. 2~3문제 틀릴 수는 있겠지만 거의 이해한다.
   → 개념부분을 한번 더 읽고 다음 회로 넘어 갑니다.

3. 잘 모르는 것 같다.
   → 개념부분과 틀린문제를 한번 더 보고 다음 회로 넘어 갑니다.

공부는 예습보다 복습이 중요합니다.

지금 다 아는 것이라고 해도 잊어버리지 않도록

매일매일 학교나 학원에서 배운 내용을 저녁에 복습하도록 합니다.

10분씩 복습하면 공부에 자신감이 생길거에요!!!

오답노트 (앞에서 틀린 문제나 기억하고 싶은 문제를 적습니다.)

회	번
문제	풀이

회	번
문제	풀이

회	번
문제	풀이

회	번
문제	풀이

회	번
문제	풀이

소리내 읽기

분모가 다른 진분수÷진분수

계산 ① : 통분하여 분모를 같게 만들어 계산	계산 ② : 곱셈으로 고쳐서 계산

$$\frac{3}{4} \div \frac{5}{6} = \frac{3 \times 3}{4 \times 3} \div \frac{5 \times 2}{6 \times 2} = \frac{9}{12} \div \frac{10}{12} = 9 \div 10 = \frac{9}{10}$$

$$\frac{3}{4} \div \frac{5}{6} = \frac{3}{4} \times \frac{6}{5} = \frac{9}{10}$$

$$\frac{\bigstar}{\blacksquare} \div \frac{\blacktriangle}{\blacksquare} = \bigstar \div \blacktriangle = \frac{\bigstar}{\blacktriangle}$$

통분 하여 분모를 같게 한 후 분모가 같은 분수의 계산법으로 계산합니다.

$$\frac{\stackrel{\bigstar}{\bigcirc}}{} \div \frac{\blacktriangle}{\blacksquare} = \frac{\stackrel{\bigstar}{\bigcirc}}{} \times \frac{\blacksquare}{\blacktriangle}$$

곱셈 으로 바꾸는 방법 (분모와 분자가 뒤집어짐)으로 계산합니다.

소리내 풀기

분모를 통분하여 계산하는 방법으로 계산하세요.

생략

예시) $\dfrac{2}{5} \div \dfrac{3}{4} = \dfrac{2 \times 4}{5 \times 4} \div \dfrac{3 \times 5}{4 \times 5} = \dfrac{8}{20} \div \dfrac{15}{20} = \dfrac{8}{15}$

01. $\dfrac{1}{2} \div \dfrac{5}{6} = \dfrac{\square}{6} \div \dfrac{\square}{6} = \square \div \square = \dfrac{\square}{\square}$

02. $\dfrac{1}{4} \div \dfrac{2}{5} = \dfrac{\square}{20} \div \dfrac{\square}{20} = \square \div \square = \dfrac{\square}{\square}$

03. $\dfrac{4}{9} \div \dfrac{2}{3} = \dfrac{\square}{9} \div \dfrac{\square}{9} = \dfrac{\square}{\square} = \dfrac{\square}{\square}$

04. $\dfrac{3}{5} \div \dfrac{5}{6} = \dfrac{\square}{30} \div \dfrac{\square}{30} = \dfrac{\square}{\square}$

05. $\dfrac{5}{12} \div \dfrac{3}{4} = \dfrac{\square}{\square} \div \dfrac{\square}{\square} = \dfrac{\square}{\square}$

소리내 풀기

곱셈으로 고쳐서 계산하세요.

06. $\dfrac{2}{5} \div \dfrac{3}{4} = \dfrac{\square}{\square} \times \dfrac{\square}{\square} = \dfrac{\square}{\square}$

07. $\dfrac{1}{2} \div \dfrac{5}{6} = \dfrac{\square}{\square} \times \dfrac{\square}{\square} = \dfrac{\square}{\square}$

08. $\dfrac{1}{4} \div \dfrac{2}{5} = \dfrac{\square}{\square} \times \dfrac{\square}{\square} = \dfrac{\square}{\square}$

09. $\dfrac{4}{9} \div \dfrac{2}{3} = \dfrac{\square}{\square} \times \dfrac{\square}{\square} = \dfrac{\square}{\square}$

10. $\dfrac{3}{5} \div \dfrac{5}{6} = \dfrac{\square}{\square} \times \dfrac{\square}{\square} = \dfrac{\square}{\square}$

11. $\dfrac{5}{12} \div \dfrac{3}{4} = \dfrac{\square}{\square} \times \dfrac{\square}{\square} = \dfrac{\square}{\square}$

※ 약분 가능하면 약분하고, 가분수는 대분수로 만들어 줘야 합니다.
　약분과 대분수로 만들 수 있는 것을 안바꿔주면 계산이 끝난것이 아니기 때문에 틀린 답이 됩니다.

※ 예시~5, 6~11문제는 같은 문제 같자만
　푸는 방법이 다릅니다.

 분모를 통분하여 계산하는 방법으로 계산하세요.

01. $\dfrac{1}{2} \div \dfrac{3}{4} = \dfrac{\boxed{}}{4} \div \dfrac{\boxed{}}{4} = \boxed{} \div \boxed{} = \dfrac{\boxed{}}{\boxed{}}$

02. $\dfrac{1}{5} \div \dfrac{1}{3} = \dfrac{\boxed{}}{15} \div \dfrac{\boxed{}}{15} = \boxed{} \div \boxed{} = \dfrac{\boxed{}}{\boxed{}}$

03. $\dfrac{3}{4} \div \dfrac{5}{6} =$

04. $\dfrac{1}{6} \div \dfrac{3}{8} =$

05. $\dfrac{4}{7} \div \dfrac{3}{5} =$

06. $\dfrac{8}{9} \div \dfrac{1}{3} =$

07. $\dfrac{4}{5} \div \dfrac{4}{15} =$

08. $\dfrac{1}{8} \div \dfrac{3}{4} =$

곱셈으로 고쳐서 계산하세요.

09. $\dfrac{7}{9} \div \dfrac{7}{8} = \dfrac{\boxed{}}{\boxed{}} \times \dfrac{\boxed{}}{\boxed{}} = \dfrac{\boxed{}}{\boxed{}}$

10. $\dfrac{1}{2} \div \dfrac{1}{6} = \dfrac{\boxed{}}{\boxed{}} \times \dfrac{\boxed{}}{\boxed{}} = \boxed{}$

11. $\dfrac{15}{16} \div \dfrac{5}{8} =$

12. $\dfrac{5}{6} \div \dfrac{1}{18} =$

13. $\dfrac{1}{4} \div \dfrac{3}{8} =$

14. $\dfrac{4}{9} \div \dfrac{5}{6} =$

15. $\dfrac{3}{12} \div \dfrac{9}{20} =$

16. $\dfrac{2}{3} \div \dfrac{8}{15} =$

※ 문제를 푸는 방법은 여러가지 일 수 있습니다.
　문제에서 시키는 방법으로 풀어보고, 어떻게 다른지 생각해 봅니다.

※ 문제를 풀때는 순서대로 바른 글씨체로 적으면서 풉니다.
　다 푼 후에 검산할 수도 있고, 다른 사람이 봐도 알 수 있도록 적습니다.

08 분수식의 크기

 아래 두 식의 값을 계산하여 ◯안에 >, =, <를 알맞게 써넣으세요.

예시) $\dfrac{3}{4} \div \dfrac{2}{4}$ ◯< 2
= $1\dfrac{1}{2}$

01. $\dfrac{1}{6} \div \dfrac{8}{9}$ ◯ $\dfrac{5}{16}$
=

02. $2 \div \dfrac{1}{3}$ ◯ 6
=

03. 1 ◯ $\dfrac{5}{6} \div \dfrac{4}{5}$
=

04. 2 ◯ $\dfrac{3}{4} \div \dfrac{9}{16}$
=

05. $\dfrac{1}{2}$ ◯ $\dfrac{5}{7} \div 20$
=

06. $\dfrac{3}{10} \div \dfrac{3}{5}$ ◯ $\dfrac{2}{5} \div \dfrac{3}{10}$
= =

07. $\dfrac{2}{7} \div \dfrac{3}{7}$ ◯ $\dfrac{2}{9} \div 9$
= =

08. $\dfrac{2}{5} \div \dfrac{3}{4}$ ◯ $\dfrac{2}{9} \div \dfrac{5}{12}$
= =

09. $\dfrac{5}{8} \div \dfrac{3}{8}$ ◯ $\dfrac{8}{15} \div \dfrac{8}{9}$
= =

10. $\dfrac{5}{12} \div \dfrac{2}{3}$ ◯ $\dfrac{1}{4} \div \dfrac{4}{5}$
= =

11. $\dfrac{2}{5} \div \dfrac{4}{15}$ ◯ $\dfrac{5}{12} \div \dfrac{7}{16}$
= =

※ 부등호(>,<)는 더 큰 쪽으로 입을 벌려주고, 같으면 등호(=)를 적어 줍니다.
분모가 같은 분수는 분자가 더 큰 분수가 더 크고, 분자가 같은 분수는 분모가 더 작은 분수가 더 큽니다.

이어서 나는 ☐ 을(를) 공부/연습할거야!!

월 일
분 초

10 문제 중
문제 맞았어!

곱셈식을 나눗셈식으로 고쳐서 모르는 값 찾기

$$▲ × □ = ●$$
$$□ = ● ÷ ▲$$

$$\frac{3}{4} × □ = \frac{9}{10}$$
$$□ = \frac{9}{10} ÷ \frac{3}{4} = 1\frac{1}{5}$$

곱셈식에서 모르는 값이 구할때는
곱셈식을 나눗셈식으로 고쳐서 구할 수 있습니다.

$$□ × ▲ = ●$$
$$□ = ● ÷ ▲$$

$$□ × \frac{3}{4} = \frac{9}{10}$$
$$□ = \frac{9}{10} ÷ \frac{3}{4} = 1\frac{1}{5}$$

등호(=)의 양쪽에 ▲을 나눠주면
앞의 식에서 ▲가 약분되어
아래 식이 만들어 지게 됩니다.

$$□ × ▲ ÷ ▲ = ● ÷ ▲$$
$$□ = ● ÷ ▲$$

아래 곱셈식을 나눗셈식으로 바꿔서 구하는 방법으로 모르는 값(□)을 구하세요

01. $3 × □ = 24$ □ =

02. $6 × □ = \frac{4}{9}$ □ =

03. $\frac{3}{4} × □ = 12$ □ =

04. $\frac{2}{5} × □ = \frac{8}{9}$ □ =

05. $\frac{3}{8} × □ = \frac{9}{14}$ □ =

06. $□ × 2 = 16$ □ =

07. $□ × 4 = \frac{8}{15}$ □ =

08. $□ × \frac{2}{5} = \frac{2}{9}$ □ =

09. $□ × \frac{2}{7} = \frac{8}{7}$ □ =

10. $□ × \frac{15}{16} = \frac{5}{6}$ □ =

※ 등호(=)는 양쪽의 값이 같다는 표시입니다. 양쪽의 값(식)에 같은 값을 더하거나, 빼거나, 나누거나, 곱해도 값은 같습니다.
위의 곱셈식이 나눗셈으로 바뀌는 과정을 다시 곰곰히 생각해 보세요.^^ (모르겠으면 알 수 있는 사람에게 물어보세요^^)

 문제) 어떤 수에 $\frac{9}{14}$를 곱하였더니 $\frac{4}{7}$가 나왔습니다. 어떤 수를 구하세요.

풀이) 곱한 수 = $\frac{9}{14}$ 값 = $\frac{4}{7}$

모르는 값 = 값 ÷ 곱한 값 이므로

식은 $\frac{4}{7} \div \frac{9}{14}$ 이고, 값은 $\frac{8}{9}$ 입니다.

식) $\frac{4}{7} \div \frac{9}{14}$ 답) $\frac{8}{9}$

$$어떤수 \times \frac{9}{14} = \frac{4}{7}$$

$$어떤수 \quad = \frac{4}{7} \div \frac{9}{14}$$

 아래의 문제를 풀어보세요.

01. 어떤 수에 $\frac{4}{27}$ 를 곱하였더니 $\frac{8}{9}$ 가 나왔습니다.
어떤 수를 구하세요.

(식 2점
답 1점)

풀이)

식) _____   답) _____

(어떤수) × ★ = ■
어떤수 = ■ ÷ ★

02. 어떤 수에 $\frac{5}{9}$ 를 곱하였더니 $\frac{9}{10}$ 가 나왔습니다.
어떤 수를 분수로 구하세요.

(식 2점
답 1점)

풀이)

03. 어떤 수에 $\frac{4}{15}$ 를 곱하였더니 $\frac{3}{8}$ 이 나왔습니다.
어떤 수를 분수로 구하세요.

(식 2점
답 1점)

풀이)

식) _____   답) _____

04. 내가 문제를 만들어 풀어 봅니다. (모르는 수)

풀이)

(문제 2점
식 2점
답 2점)

식) _____   답) _____

식) _____   답) _____

확인 (틀린 문제의 수를 적고, 약한 부분을 보충하세요.)

회차	틀린문제수
06 회	문제
07 회	문제
08 회	문제
09 회	문제
10 회	문제

생각해보기

앞에서 배운 5회차 내용이 모두 이해 되었나요?

1. 모두 이해되고 자신있다. → 다음 회로 넘어 갑니다.

2. 2~3문제 틀릴 수는 있겠지만 거의 이해한다.
   → 개념부분을 한번 더 읽고 다음 회로 넘어 갑니다.

3. 잘 모르는 것 같다.
   → 개념부분과 틀린문제를 한번 더 보고 다음 회로 넘어 갑니다.

틀린 문제가 있었다면 왜 틀렸을거라고 생각합니까?

. 개념 설명이 어려워서 잘 모르겠다.   2. 다 아는데 실수한 것 같다.

. 빨리 끝내고 싶어서 집중할 수가 없다.   4. 하기 싫어서....

오답노트 (앞에서 틀린 문제나 기억하고 싶은 문제를 적습니다.)

회	번
문제	풀이

회	번
문제	풀이

회	번
문제	풀이

회	번
문제	풀이

회	번
문제	풀이

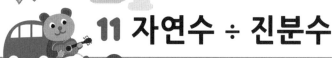

11 자연수 ÷ 진분수

 자연수 ÷ 진분수의 계산

계산 ① : 통분하여 분모를 같게 만들어 계산	계산 ② : 곱셈으로 고쳐서 계산
$4 \div \dfrac{2}{3} = \dfrac{12}{3} \div \dfrac{2}{3} = 12 \div 2 = \dfrac{12}{2} = 6$	$4 \div \dfrac{2}{3} = 4 \times \dfrac{3}{2} = 6$
$\dfrac{\bigstar}{\blacksquare} \div \dfrac{\blacktriangle}{\blacksquare} = \bigstar \div \blacktriangle = \dfrac{\bigstar}{\blacktriangle}$ 통분하여 분모를 같게 한 후 분모가 같은 분수의 계산법으로 계산합니다.	$\stackrel{\wedge}{\bowtie} \div \dfrac{\blacktriangle}{\blacksquare} = \stackrel{\wedge}{\bowtie} \times \dfrac{\blacksquare}{\blacktriangle}$ 곱셈으로 바꾸는 방법 (분모와 분자가 뒤집어짐)으로 계산합니다.

 통분하여 분모를 같게 하는 방법으로 풀어보세요.

01. $1 \div \dfrac{1}{2} = \dfrac{\square}{2} \div \dfrac{1}{2} = \square \div 1 = \dfrac{\square}{\square} = \square$

02. $2 \div \dfrac{3}{4} = \dfrac{\square}{4} \div \dfrac{3}{4} = \square \div 3 = \dfrac{\square}{\square} = \square$

03. $3 \div \dfrac{2}{3} = \dfrac{\square}{3} \div \dfrac{2}{3} = \square \div 2 = \dfrac{\square}{\square} = \square$

04. $5 \div \dfrac{1}{6} =$

05. $4 \div \dfrac{4}{5} =$

06. $6 \div \dfrac{2}{9} =$

 나눗셈을 곱셈으로 고쳐서 계산하는 방법으로 풀어보세요.

07. $1 \div \dfrac{1}{2} = 1 \times \dfrac{\square}{\square} = \dfrac{\square}{\square} = \square$

09. $2 \div \dfrac{3}{4} = 2 \times \dfrac{\square}{\square} = \dfrac{\square}{\square} = \square$

09. $3 \div \dfrac{2}{3} = 3 \times \dfrac{\square}{\square} = \dfrac{\square}{\square} = \square$

10. $5 \div \dfrac{1}{6} =$

11. $4 \div \dfrac{4}{5} =$

12. $6 \div \dfrac{2}{9} =$

※ 반드시 문제에서 말한 방법으로 풀어야 합니다. 같은 문제이더라도 풀이법이 다릅니다.

이어서 나는 [　　　]을(를) 공부/연습할거야!!
07.

12 자연수 ÷ 진분수 (연습)

 분모를 통분하여 계산하는 방법으로 계산하세요.

01. $2 \div \dfrac{2}{3} = \dfrac{\square}{3} \div \dfrac{2}{3} = \square \div 2 = \dfrac{\square}{2} = \square$

02. $6 \div \dfrac{3}{5} =$

03. $3 \div \dfrac{2}{9} =$

04. $4 \div \dfrac{6}{7} =$

05. $5 \div \dfrac{1}{4} =$

06. $3 \div \dfrac{5}{6} =$

07. $6 \div \dfrac{3}{10} =$

08. $9 \div \dfrac{7}{8} =$

 곱셈으로 고쳐서 계산하세요.

09. $4 \div \dfrac{2}{5} = 4 \times \dfrac{\square}{\square} = \dfrac{\square}{\square} = \square$

10. $3 \div \dfrac{1}{4} =$

11. $6 \div \dfrac{3}{8} =$

12. $7 \div \dfrac{5}{6} =$

13. $2 \div \dfrac{4}{9} =$

14. $8 \div \dfrac{2}{3} =$

15. $3 \div \dfrac{5}{7} =$

16. $9 \div \dfrac{1}{2} =$

※ 문제를 푸는 방법은 여러가지 일 수 있습니다.
　문제에서 시키는 방법으로 풀어보고, 어떤 방법이 더 쉬운지 생각해 봅니다.

※ 문제를 풀때는 순서대로 예쁘게 적으면서 풉니다.
　문제를 푼 후에 검산할 수 있을 정도로 정성들여 풀도록 합니다.

13 대분수 ÷ 대분수

소리내 읽기

방법1 : 가분수로 바꾼 후 **통분**하여 **계산**하기

계산 ① : 통분하여 분모를 같게 만들어 계산

$$2\frac{1}{4} \div \frac{3}{5} = \frac{9}{4} \div \frac{3}{5} = \frac{45}{20} \div \frac{12}{20} = 45 \div 12 = \frac{\overset{15}{\cancel{45}}}{\underset{4}{\cancel{12}}} = 3\frac{3}{4}$$

$$\frac{★}{■} \div \frac{▲}{■} = ★ \div ▲ = \frac{★}{▲}$$

통분하여 분모를 같게 한 후 분모가 같은 분수의 계산법으로 계산합니다.

방법2 : 가분수로 바꾼 후 **곱셈**으로 **계산**하기

계산 ② : 곱셈으로 고쳐서 계산

$$2\frac{1}{4} \div \frac{3}{5} = \frac{9}{4} \div \frac{3}{5} = \frac{9}{4} \times \frac{5}{3} = \frac{15}{4} = 3\frac{3}{4}$$

$$\frac{☆}{◎} \div \frac{▲}{■} = \frac{☆}{◎} \times \frac{■}{▲}$$

곱셈으로 바꾸는 방법 (분모와 분자가 뒤집어짐)으로 계산합니다.

소리내 풀기

01~04 문제는 분모를 통분하여 계산하는 방법으로 계산하고, **05~07** 문제는 곱셈으로 바꿔 계산하세요.

01. $1\frac{1}{8} \div \frac{3}{4} = \frac{\square}{8} \div \frac{\square}{4} = \frac{\square}{8} \div \frac{\square}{8} = \square \div \square = \frac{\square}{\square} = \square$

※ 통분하여 계산하는 방법에서 약분을 제일 마지막에 합니다.

02. $\frac{2}{3} \div 1\frac{1}{9} = \frac{\square}{3} \div \frac{\square}{9} = \frac{\square}{9} \div \frac{\square}{9} = \square \div \square = \frac{\square}{\square} = \square$

03. $3\frac{1}{6} \div 1\frac{1}{2} = \frac{\square}{6} \div \frac{\square}{2} = \frac{\square}{6} \div \frac{\square}{6} = \square \div \square = \frac{\square}{\square} = \square$

04. $1\frac{1}{4} \div 2\frac{1}{12} = \frac{\square}{4} \div \frac{\square}{12} = \frac{\square}{12} \div \frac{\square}{12} = \square \div \square = \frac{\square}{\square} = \square$

05. $1\frac{1}{8} \div \frac{3}{4} = \frac{\square}{\square} \div \frac{\square}{\square} = \frac{\square}{\square} \times \frac{\square}{\square} = \frac{\square}{\square} = \square$

※ 대분수를 가분수로 먼저 바꾸는 것만 추가되. 나머지 풀이법은 앞에서 배운것과 똑 같습니

06. $\frac{2}{3} \div 1\frac{1}{9} = \frac{\square}{\square} \div \frac{\square}{\square} = \frac{\square}{\square} \times \frac{\square}{\square} = \frac{\square}{\square} = \frac{\square}{\square}$

07. $3\frac{1}{6} \div 1\frac{1}{2} = \frac{\square}{\square} \div \frac{\square}{\square} = \frac{\square}{\square} \times \frac{\square}{\square} = \frac{\square}{\square} = \square$

※ 01~03, 05~07번 문제는 같은 문제이지만 푸는 방법이 다릅니다. 어느 방법이 더 자신에게 쉬운지 생각해 봅니다.

이어서 나는 ☐ 을(를) 공부/연습할거야!!

 14 대분수 ÷ 대분수 (연습)

01~04 문제는 분모를 통분하여 계산하는 방법으로 계산하고, 05~07 문제는 곱셈으로 바꿔 계산하세요.

01. $2\frac{3}{4} \div \frac{3}{8} = \frac{\square}{4} \div \frac{\square}{8} = \frac{\square}{8} \div \frac{\square}{8} = \square \div \square = \frac{\square}{\square} = \square$

02. $\frac{4}{5} \div 1\frac{1}{7} = \frac{\square}{5} \div \frac{\square}{7} = \frac{\square}{35} \div \frac{\square}{35} = \square \div \square = \frac{\square}{\square} = \square$

03. $2\frac{2}{9} \div 3\frac{3}{4} = \frac{\square}{9} \div \frac{\square}{4} = \frac{\square}{36} \div \frac{\square}{\square} = \square \div \square = \frac{\square}{\square} = \square$

04. $3\frac{1}{2} \div 1\frac{1}{3} = \frac{\square}{2} \div \frac{\square}{3} = \frac{\square}{\square} \div \frac{\square}{\square} = \square \div \square = \frac{\square}{\square} = \square$

05. $1\frac{1}{8} \div 1\frac{1}{5} = \frac{\square}{\square} \div \frac{\square}{\square} = \frac{\square}{\square} \div \frac{\square}{\square} = \square \div \square = \frac{\square}{\square}$

06. $1\frac{1}{2} \div \frac{6}{7} = \frac{\square}{\square} \div \frac{\square}{\square} = \frac{\square}{\square} \times \frac{\square}{\square} = \frac{\square}{\square} = \square$

07. $\frac{4}{15} \div 2\frac{2}{3} = \frac{\square}{\square} \div \frac{\square}{\square} = \frac{\square}{\square} \times \frac{\square}{\square} = \frac{\square}{\square} = \square$

08. $4\frac{2}{5} \div 1\frac{5}{6} = \frac{\square}{\square} \div \frac{\square}{\square} = \frac{\square}{\square} \times \frac{\square}{\square} = \frac{\square}{\square} = \square$

09. $3\frac{5}{9} \div 1\frac{1}{3} = \frac{\square}{\square} \div \frac{\square}{\square} = \frac{\square}{\square} \times \frac{\square}{\square} = \frac{\square}{\square} = \square$

15 분수의 나눗셈 (생각문제3)

 문제) 밀가루 $1\frac{1}{7}$ kg 으로, 빵 4개를 만들었습니다. 빵 한 개를 만드는 데 밀가루는 몇 kg 사용되었는지 분수로 구하세요.

풀이) 밀가루 = $1\frac{1}{7}$ kg   빵 = 4 개

빵 1개 밀가루 = 전체 밀가루 ÷ 빵의 개수 이므로

식은 $1\frac{1}{7} \div 4$ 이고, 값은 $\frac{2}{7}$ 입니다.

식) $1\frac{1}{7} \div 4$ 답) $\frac{2}{7}$ kg

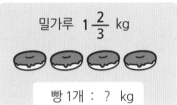

밀가루 $1\frac{2}{3}$ kg

빵 1개 :   ?   kg

 아래의 문제를 풀어보세요.

01. $7\frac{1}{2}$ L의 생수를 하루에 $1\frac{1}{4}$ L씩 먹으면 몇 일을 먹을 수 있을 지 구하세요.

(식 2점
답 1점)

풀이)

식)   답)

답을 적을때 단위를 꼭 적습니다.

02. 시장까지의 거리는 $3\frac{4}{5}$ km이고, 학교까지는 $2\frac{8}{15}$ km 입니다. 시장은 학교보다 몇 배 더 먼지 분수로 구하세요.

(식 2점
답 1점)

풀이)

식)   답)

03. 민체는 $1\frac{2}{7}$ 시간 동안 3 km를 걸었습니다. 1시간에는 몇 km를 걸은 것인지 분수로 구하세요.

(식 2점
답 1점)

풀이)

식)   답)

04. 내가 문제를 만들어 풀어 봅니다. (대분수의 나눗셈)

풀이)

(문제 2점
식 2점
답 2점)

식)   답)

값이 1 보다 크면 더 멀다는 것이고, 1 보다 작으면 더 가깝다는 것입니다.

확인 (틀린 문제의 수를 적고, 약한 부분을 보충하세요.)

회차	틀린문제수
11 회	문제
12 회	문제
13 회	문제
14 회	문제
15 회	문제

생각해보기

앞에서 배운 5회차 내용이 모두 이해 되었나요?

1. 모두 이해되고 자신있다.　→ 다음 회로 넘어 갑니다.

2. 2~3문제 틀릴 수는 있겠지만 거의 이해한다.
　　→ 개념부분을 한번 더 읽고 다음 회로 넘어 갑니다.

3. 잘 모르는 것 같다.
　　→ 개념부분과 틀린문제를 한번 더 보고 다음 회로 넘어 갑니다.

틀린 문제가 있었다면 왜 틀렸을거라고 생각합니까?

1. 개념 설명이 어려워서 잘 모르겠다.　 2. 다 아는데 실수한 것 같다.

3. 빨리 끝내고 싶어서 집중할 수가 없다.　　 4. 하기 싫어서....

오답노트 (앞에서 틀린 문제나 기억하고 싶은 문제를 적습니다.)

회	번
문제	풀이

회	번
문제	풀이

회	번
문제	풀이

회	번
문제	풀이

회	번
문제	풀이

16 분수의 나눗셈 (연습1)

월 일
분 초

16 문제 중

문제
맞았

 소리내 풀기 분모를 통분하여 계산하는 방법으로 계산하세요.

01. $\dfrac{1}{2} \div \dfrac{3}{4} = \dfrac{}{4} \div \dfrac{\boxed{}}{4} = \boxed{} \div \boxed{} = \dfrac{\boxed{}}{\boxed{}}$

02. $2 \div \dfrac{2}{3} =$

03. $\dfrac{3}{4} \div 1 =$

04. $\dfrac{5}{9} \div \dfrac{5}{8} =$

05. $\dfrac{1}{6} \div \dfrac{2}{5} =$

06. $2\dfrac{1}{4} \div \dfrac{3}{8} =$

07. $\dfrac{7}{9} \div 2\dfrac{4}{5} =$

08. $3\dfrac{3}{5} \div 2\dfrac{1}{7} =$

 소리내 풀기 곱셈으로 고쳐서 계산하세요.

09. $\dfrac{1}{6} \div \dfrac{2}{3} = \dfrac{}{} \times \dfrac{}{} = \dfrac{}{}$

10. $5 \div \dfrac{8}{9} =$

11. $\dfrac{6}{7} \div 4 =$

12. $\dfrac{3}{8} \div \dfrac{1}{2} =$

13. $\dfrac{5}{18} \div \dfrac{5}{6} =$

14. $1\dfrac{1}{4} \div \dfrac{3}{8} =$

15. $\dfrac{15}{24} \div 2\dfrac{2}{9} =$

16. $4\dfrac{1}{6} \div 3\dfrac{3}{4} =$

※ 문제를 푸는 방법은 여러가지 일 수 있습니다.
   문제에서 시키는 방법으로 풀어보고, 어떤 방법이 더 쉬운지 생각해 봅니다.

※ 문제를 풀때는 순서대로 예쁘게 적으면서 풉니다.
   문제를 푼 후에 검산할 수 있을 정도로 정성들여 풀도록 합니다.

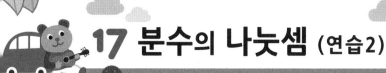

17 분수의 나눗셈 (연습2)

 소리내 풀기

앞의 수에서 위의 수를 나눈 값을 자신이 편한 방법으로 계산하여 구하세요.

01.

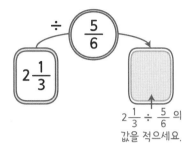

$2\frac{1}{3} \div \frac{5}{6}$ 의
값을 적으세요.

02.

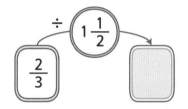

03.

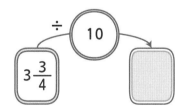

04.

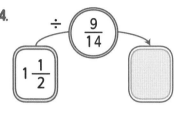

05.

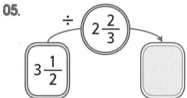

06.

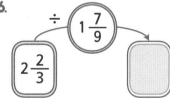

07.

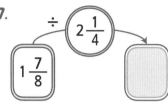

08.

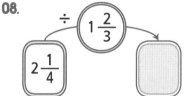

09.

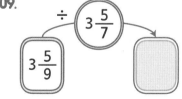

※ 틀린 문제가 있다면 ① 곱셈으로 잘 바꿨는지, ② 약분은 잘 했는지, ③곱셈구구를 잊어 먹지는 않았는지 확인해 봅니다.
특히 곱셈구구에서 틀렸다면 2단부터 9단까지 5번씩 다시 적어 봅니다.

이어서 나는 ⬜⬜⬜ 을(를) 공부/연습할거야!!

 소리내 풀기   위의 숫자가 아래의 통에 들어가면 나오는 수를 계산해서 ▢에 적으세요.

01.
$1\frac{1}{6}$
$\div\ 2\frac{4}{5}$

$1\frac{1}{6}\div2\frac{4}{5}$의
값을 적으세요.

02.
$4\frac{1}{2}$
$\div\ 1\frac{2}{7}$

03.
$\frac{7}{8}$
$\div\ 3\frac{1}{6}$

04.
$1\frac{3}{7}$
$\div\ 3\frac{3}{4}$

05.
$\frac{5}{9}$
$\div\ 1\frac{5}{6}$

06.
$2\frac{1}{2}$
$\div\ 2\frac{1}{3}$

07.
$4\frac{4}{5}$
$\div\ 3\frac{3}{7}$

08.
$3\frac{1}{3}$
$\div\ 2\frac{8}{9}$

19 분수의 나눗셈 (연습4)

소리내 풀기 보기와 같이 옆에 있는 수를 더해서 옆에 적고, 밑에 있는 수를 빼서 밑에 적으세요.

01.

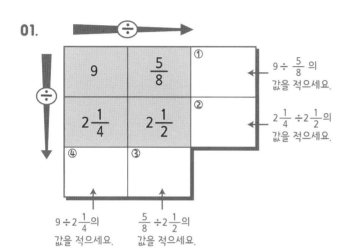

9 ÷ $\frac{5}{8}$ 의 값을 적으세요.

2$\frac{1}{4}$ ÷ 2$\frac{1}{2}$의 값을 적으세요.

9 ÷ 2$\frac{1}{4}$ 의 값을 적으세요.

$\frac{5}{8}$ ÷ 2$\frac{1}{2}$의 값을 적으세요.

03.

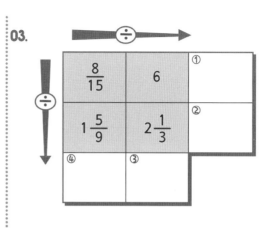

02.

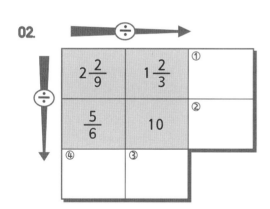

04.

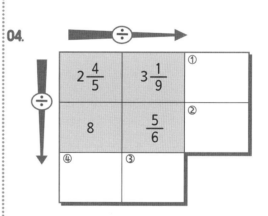

20 분수의 나눗셈 (생각문제4)

소리내
읽기

문제) 넓이가 $2\frac{5}{6}$cm² 이고, 가로의 길이가 $1\frac{2}{3}$cm인 직사각형의 세로의 길이는 몇 cm 인지 분수로 구하세요.

풀이) 넓이 = $2\frac{5}{6}$ cm²   가로 = $1\frac{2}{3}$ cm

사각형의 세로의 길이 = 넓이 ÷ 가로의 길이 이므로

식은 $2\frac{5}{6} ÷ 1\frac{2}{3}$ 이고, 값은 $1\frac{7}{10}$ 입니다.

식) $2\frac{5}{6} ÷ 1\frac{2}{3}$ 답) $1\frac{7}{10}$ cm

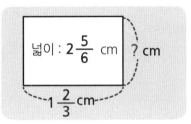

넓이 : $2\frac{5}{6}$ cm   ? cm

$1\frac{2}{3}$ cm

소리내
풀기

아래의 문제를 풀어보세요.

01. 넓이가 $1\frac{3}{7}$ cm²인 직사각형의 한편의 길이가 $3\frac{3}{4}$ cm 일때, 다른 한 변을 분수로 구하세요.

(식 2점
답 1점)

풀이)

식) _____   답) _____

직사변형의 넓이
= 가로 × 세로

02. 넓이가 $2\frac{5}{8}$ cm²인 직사각형 모양의 벽지가 있습니다. 가로가 $1\frac{1}{6}$ cm라면, 세로는 몇 cm인지 분수로 구하세요.

(식 2점
답 1점)

풀이)

식) _____   답) _____

03. 넓이가 $1\frac{1}{3}$ m²인 평행사변형의 밑면의 길이가 $5\frac{1}{3}$ m 일때, 높이는 몇 m인지 분수로 구하세요.

(식 2점
답 1점)

풀이)

식) _____   답) _____

평행사변형의 넓이
= 밑면 × 높이

04. 내가 문제를 만들어 풀어 봅니다. (사각형의 넓이, 분수의 나눗셈)

풀이)

(문제 2점
식 2점
답 2점)

식) _____   답) _____

회차	틀린문제수
16 회	문제
17 회	문제
18 회	문제
19 회	문제
20 회	문제

생각해보기

앞에서 배운 5회차 내용이 모두 이해 되었나요?

1. 모두 이해되고 자신있다. → 다음 회로 넘어 갑니다.

2. 2~3문제 틀릴 수는 있겠지만 거의 이해한다.
    → 개념부분을 한번 더 읽고 다음 회로 넘어 갑니다.

3. 잘 모르는 것 같다.
    → 개념부분과 틀린문제를 한번 더 보고 다음 회로 넘어 갑니다.

틀린 문제가 있었다면 왜 틀렸을거라고 생각합니까?

1. 개념 설명이 어려워서 잘 모르겠다.   2. 다 아는데 실수한 것 같다.

3. 빨리 끝내고 싶어서 집중할 수가 없다.   4. 하기 싫어서....

오답노트 (앞에서 틀린 문제나 기억하고 싶은 문제를 적습니다.)

회	번
문제	풀이

회	번
문제	풀이

회	번
문제	풀이

회	번
문제	풀이

회	번
문제	풀이

월 일
분 초

12문제 중
문제
맞

소리내
읽기

2.4 ÷ 2의 계산 ① : 분수로 고쳐 계산하기

$$2.4 \div 2 = \frac{24}{10} \div 2 = \frac{\overset{12}{\cancel{24}}}{10} \times \frac{1}{\cancel{2}_1} = \frac{12}{10} = 1.2$$

소수를 분수로
고칩니다.

나눗셈을 곱셈으로
고칩니다.

※ 소수1자리 수는 분모가 10인 분수로 고칩니다.

1.4 ÷ 2의 계산

$$1.4 \div 2 = \frac{14}{10} \div 2 = \frac{\overset{7}{\cancel{14}}}{10} \times \frac{1}{\cancel{2}_1} = \frac{7}{10} = 0.7$$

소수를 분수로
고칩니다.

나눗셈을 곱셈으로
고칩니다.

소리내
풀기

아래 소수의 나눗셈을 분수로 고쳐서 계산하는 방법으로 계산하여 몫을 소수로 구하세요.

01. $6.3 \div 3 = \dfrac{\boxed{}}{\boxed{}} \times \dfrac{\boxed{}}{\boxed{}} = \dfrac{\boxed{}}{\boxed{}} = \boxed{}$

02. $7.5 \div 5 = \dfrac{\boxed{}}{\boxed{}} \times \dfrac{\boxed{}}{\boxed{}} = \dfrac{\boxed{}}{\boxed{}} = \boxed{}$

03. $9.2 \div 4 = \dfrac{\boxed{}}{\boxed{}} \times \dfrac{\boxed{}}{\boxed{}} = \dfrac{\boxed{}}{\boxed{}} = \boxed{}$

04. $7.8 \div 6 = \dfrac{\boxed{}}{\boxed{}} \times \dfrac{\boxed{}}{\boxed{}} = \dfrac{\boxed{}}{\boxed{}} = \boxed{}$

05. $71.4 \div 7 = \dfrac{\boxed{}}{10} \times \dfrac{\boxed{}}{\boxed{}} = \dfrac{\boxed{}}{\boxed{}} = \boxed{}$
소수 1자리 · 소수 1자리

06. $97.6 \div 8 = \dfrac{\boxed{}}{10} \times \dfrac{\boxed{}}{\boxed{}} = \boxed{}$

07. $3.6 \div 4 = \dfrac{\boxed{}}{\boxed{}} \times \dfrac{\boxed{}}{\boxed{}} = \dfrac{\boxed{}}{\boxed{}} = \boxed{}$

08. $2.1 \div 3 = \dfrac{\boxed{}}{\boxed{}} \times \dfrac{\boxed{}}{\boxed{}} = \dfrac{\boxed{}}{\boxed{}} = \boxed{}$

09. $4.5 \div 5 = \dfrac{\boxed{}}{\boxed{}} \times \dfrac{\boxed{}}{\boxed{}} = \dfrac{\boxed{}}{\boxed{}} = \boxed{}$

10. $2.8 \div 7 = \dfrac{\boxed{}}{\boxed{}} \times \dfrac{\boxed{}}{\boxed{}} = \dfrac{\boxed{}}{\boxed{}} = \boxed{}$

11. $4.8 \div 6 = \dfrac{\boxed{}}{\boxed{}} \times \dfrac{\boxed{}}{\boxed{}} = \dfrac{\boxed{}}{\boxed{}} = \boxed{}$

12. $3.2 \div 8 = \dfrac{\boxed{}}{\boxed{}} \times \dfrac{\boxed{}}{\boxed{}} = \dfrac{\boxed{}}{\boxed{}} = \boxed{}$

※ 위와 같이 첫번째 단계와 두번째 단계를 합해서 더 빨리 계산할 수 있습니다.

이어서 나는 [   ] 을(를) 공부/연습할거야!!

소리내 읽기

2.4 ÷ 2의 계산 ③ : 세로셈으로 계산하기

$$
\begin{array}{r} 1 \\ 2\,)\overline{2.4} \\ 2 \end{array}
\;\Rightarrow\;
\begin{array}{r} 1. \\ 2\,)\overline{2.4} \\ 2 \\ \hline 4 \\ 4 \\ \hline 0 \end{array}
\;\Rightarrow\;
\begin{array}{r} 1.2 \\ 2\,)\overline{2.4} \\ 2 \\ \hline 4 \\ 4 \\ \hline 0 \end{array}
$$

나뉠 수의 소수점에 맞추어 몫의 소수점을 찍습니다.

1.4 ÷ 2의 계산

$$
\begin{array}{r} 0 \\ 2\,)\overline{1.4} \end{array}
\;\Rightarrow\;
\begin{array}{r} 0. \\ 2\,)\overline{1.4} \end{array}
\;\Rightarrow\;
\begin{array}{r} 0.7 \\ 2\,)\overline{1.4} \\ 1\ 4 \\ \hline 0 \end{array}
$$

나뉠 수의 소수점에 맞추어 몫의 소수점을 찍습니다.
자연수 부분이 나눠지지 않으면 0을 먼저 적습니다.

소리내 풀기

세로셈을 이용하여, 아래 나눗셈의 몫을 구하세요.

01. $4.8 \div 3 =$ ☐

$$3\,)\overline{4.8}$$

02. $7.8 \div 2 =$ ☐

$$)\overline{}$$

03. $6.8 \div 4 =$ ☐

$$)\overline{}$$

04. $6\ 1.8 \div 6 =$ ☐

$$6\,)\overline{6\ 1.8}$$

05. $5\ 6.5 \div 5 =$ ☐

$$)\overline{}$$

06. $8\ 6.1 \div 7 =$ ☐

$$)\overline{}$$

07. $6.3 \div 9 =$ ☐

$$9\,)\overline{6.3}$$

08. $7.2 \div 8 =$ ☐

$$)\overline{}$$

09. $4.0 \div 5 =$ ☐

$$)\overline{}$$

2.14 ÷ 2의 계산 ① : 분수로 고쳐 계산하기

$$2.14 \div 2 = \frac{214}{100} \div 2 = \frac{\overset{107}{\cancel{214}}}{100} \times \frac{1}{\cancel{2}_1} = \frac{107}{100} = 1.07$$

소수를 분수로
고칩니다.

나눗셈을 곱셈으로
고칩니다.

※ 소수2자리 수는 분모가 100인 분수로 고칩니다.

1.14 ÷ 2의 계산

$$1.14 \div 2 = \frac{114}{100} \div 2 = \frac{\overset{57}{\cancel{114}}}{100} \times \frac{1}{\cancel{2}_1} = \frac{57}{100} = 0.57$$

소수를 분수로
고칩니다.

나눗셈을 곱셈으로
고칩니다.

아래 소수의 나눗셈을 분수로 고쳐서 계산하는 방법으로 계산하여 몫을 소수로 구하세요.

01. $6.96 \div 3 = \dfrac{\Box}{\Box} \times \dfrac{\Box}{\Box} = \dfrac{\Box}{\Box} = \Box$

07. $1.36 \div 4 = \dfrac{\Box}{\Box} \times \dfrac{\Box}{\Box} = \dfrac{\Box}{\Box} = \Box$

02. $7.60 \div 5 = \dfrac{\Box}{\Box} \times \dfrac{\Box}{\Box} = \Box$

08. $1.56 \div 3 = \dfrac{\Box}{\Box} \times \dfrac{\Box}{\Box} = \dfrac{\Box}{\Box} = \Box$

03. $8.64 \div 4 = \dfrac{\Box}{\Box} \times \dfrac{\Box}{\Box} = \Box$

09. $3.90 \div 5 = \dfrac{\Box}{\Box} \times \dfrac{\Box}{\Box} = \Box$

04. $7.56 \div 6 = \dfrac{\Box}{\Box} \times \dfrac{\Box}{\Box} = \Box$

10. $3.15 \div 7 = \dfrac{\Box}{\Box} \times \dfrac{\Box}{\Box} = \Box$

05. $22.12 \div 7 = \dfrac{\Box}{100} \times \dfrac{\Box}{\Box} = \dfrac{\Box}{\Box} = \Box$
소수 2자리   소수 2자리

11. $4.14 \div 6 = \dfrac{\Box}{\Box} \times \dfrac{\Box}{\Box} = \Box$

06. $80.56 \div 8 = \dfrac{\Box}{100} \times \dfrac{\Box}{\Box} = \Box$

12. $2.96 \div 8 = \dfrac{\Box}{\Box} \times \dfrac{\Box}{\Box} = \Box$

※ 위와 같이 첫번째 단계와 두번째 단계를 합해서 더 빨리 계산할 수 있습니다.

24 소수2자리 수인 소수÷자연수 (2)

2.14÷2의 계산 ③ : 세로셈으로 계산하기

```
     1                 1.                1.0 7
2)2.1 4      2)2.1 4        2)2.1 4
  2              2                2
  1 4            1 4              1 4
                                 1 4
                                   0
```
나눌 수의 소수점에 맞추어 몫의 소수점을 찍습니다.

1.14÷2의 계산

```
     0.                0.5               0.5 7
2)1.1 4      2)1.1 4        2)1.1 4
                 1 0              1 0
                 1 4              1 4
                                 1 4
                                   0
```
나눌 수의 소수점에 맞추어 몫의 소수점을 찍습니다.
자연수 부분이 나눠지지 않으면 0.을 먼저 적습니다.

세로셈을 이용하여, 아래 나눗셈의 몫을 구하세요.

01. 7.0 8 ÷ 3 = ☐

3) 7.0 8

04. 2 5.4 4 ÷ 6 = ☐

6) 2 5.4 4

07. 8.0 1 ÷ 9 = ☐

9) 8.0 1

02. 8.3 8 ÷ 2 = ☐

05. 1 6.4 0 ÷ 5 = ☐

08. 6.0 8 ÷ 8 = ☐

03. 6.3 6 ÷ 4 = ☐

06. 3 9.4 1 ÷ 7 = ☐

09. 2.6 5 ÷ 5 = ☐

※ 풀이할 공간이 부족할 경우는 연습장을 이용하세요.

25 소수÷자연수 (연습1)

소리내 풀기
아래 소수의 나눗셈을 분수로 고쳐서 계산하는 방법으로 계산하여 몫을 소수로 구하세요.

01.
$21.2 ÷ 2 = \dfrac{\boxed{}}{10} × \dfrac{\boxed{}}{\boxed{}} = \boxed{}$
소수 1자리
소수 1자리

02.
$87.6 ÷ 4 = \dfrac{\boxed{}}{10} × \dfrac{\boxed{}}{\boxed{}} = \boxed{}$

03.
$66.6 ÷ 3 = \dfrac{\boxed{}}{\boxed{}} × \dfrac{\boxed{}}{\boxed{}} = \boxed{}$

04.
$92.7 ÷ 9 = \dfrac{\boxed{}}{\boxed{}} × \dfrac{\boxed{}}{\boxed{}} = \boxed{}$

05.
$11.30 ÷ 2 = \dfrac{\boxed{}}{100} × \dfrac{\boxed{}}{\boxed{}} = \dfrac{\boxed{}}{\boxed{}} = \boxed{}$
소수 2자리
소수 2자리

06.
$18.92 ÷ 4 = \dfrac{\boxed{}}{100} × \dfrac{\boxed{}}{\boxed{}} = \boxed{}$

07.
$24.27 ÷ 3 = \dfrac{\boxed{}}{\boxed{}} × \dfrac{\boxed{}}{\boxed{}} = \boxed{}$

08.
$63.27 ÷ 9 = \dfrac{\boxed{}}{\boxed{}} × \dfrac{\boxed{}}{\boxed{}} = \boxed{}$

소리내 풀기
아래 세로셈을 나머지가 0이 될때까지 나누어 몫을 구하세요.
나누어 떨어질때까지

09.
$6.4 ÷ 8 = \boxed{}$

$8 \overline{)\,6.4\,}$

10.
$5.4 ÷ 9 = \boxed{}$

$\overline{)}$

11.
$2.8 ÷ 4 = \boxed{}$

$\overline{)}$

12.
$1.8 ÷ 2 = \boxed{}$

$\overline{)}$

13.
$2.56 ÷ 8 = \boxed{}$

$8 \overline{)\,2.56\,}$

14.
$6.12 ÷ 9 = \boxed{}$

$\overline{)}$

15.
$1.72 ÷ 4 = \boxed{}$

$\overline{)}$

16.
$1.12 ÷ 2 = \boxed{}$

$\overline{)}$

※ 소수 1자리수는 분모가 10인 분수, 소수 2자리수는 분모가 100인 분수로 고쳐서 계산하세요.

※ 소수점 밑에 0을 더 붙여 계속 나눌 수 있습니다.

이어서 나는 $\boxed{}$ 을(를) 공부/연습할거야!!

확인 (틀린 문제의 수를 적고, 약한 부분을 보충하세요.)

회차	틀린문제수
21 회	문제
22 회	문제
23 회	문제
24 회	문제
25 회	문제

오답노트 (앞에서 틀린 문제나 기억하고 싶은 문제를 적습니다.)

회	번
문제	풀이

회	번
문제	풀이

회	번
문제	풀이

회	번
문제	풀이

회	번
문제	풀이

생각해보기

앞에서 배운 5회차 내용이 모두 이해 되었나요?

1. 모두 이해되고 자신있다. → 다음 회로 넘어 갑니다.

2. 2~3문제 틀릴 수는 있겠지만 거의 이해한다.
   → 개념부분을 한번 더 읽고 다음 회로 넘어 갑니다.

3. 잘 모르는 것 같다.
   → 개념부분과 틀린문제를 한번 더 보고 다음 회로 넘어 갑니다.

틀린 문제가 있었다면 왜 틀렸을거라고 생각합니까?

1. 개념 설명이 어려워서 잘 모르겠다.   2. 다 아는데 실수한 것 같다.

3. 빨리 끝내고 싶어서 집중할 수가 없다.   4. 하기 싫어서....

2.1 ÷ 6의 계산 ① : 분수로 고쳐 계산하기

$$2.1 \div 6 = \frac{21}{10} \div 6 = \frac{\overset{7}{\cancel{21}}}{10} \times \frac{1}{\underset{2}{\cancel{6}}}$$

$$= \frac{7^{\times 5}}{20_{\times 5}} = \frac{35}{100} = 0.35$$

※ 계산 후 분모가 10, 100, 1000이 아니면, 분모와 분자에 같은 수를 곱하여, 분모가 10, 100, 1000인 분수로 고치고, 소수로 나타냅니다.

21.4 ÷ 4의 계산

$$21.4 \div 4 = \frac{214}{10} \div 4 = \frac{\overset{107}{\cancel{214}}}{10} \times \frac{1}{\underset{2}{\cancel{4}}}$$

$$= \frac{107^{\times 5}}{20_{\times 5}} = \frac{535}{100} = 5.35$$

※ 계산 후 분모를 10, 100, 1000인 분수로 고치고, 소수로 나타냅니다.

아래 소수의 나눗셈을 분수로 고쳐서 계산하는 방법으로 계산하여 몫을 소수로 구하세요.

01. $2.6 \div 4 = \dfrac{\boxed{}}{\boxed{}} \times \dfrac{\boxed{}}{\boxed{}} = \dfrac{\boxed{}}{\boxed{}} = \dfrac{\boxed{}}{\boxed{}}$

$= \boxed{}$

02. $1.5 \div 6 = \dfrac{\boxed{}}{\boxed{}} \times \dfrac{\boxed{}}{\boxed{}} = \dfrac{\boxed{}}{\boxed{}} = \dfrac{\boxed{}}{\boxed{}}$

$= \boxed{}$

1.1 = 1.10
03. $1.1 \div 2 = \dfrac{\boxed{}}{100} \times \dfrac{\boxed{}}{\boxed{}} = \dfrac{\boxed{}}{\boxed{}} = \boxed{}$

소수 2자리

바로 떨어지지 않으면 1.1을 1.10이라 생각하고 계산합니다.

04. $3.3 \div 5 = \dfrac{\boxed{}}{100} \times \dfrac{\boxed{}}{\boxed{}} = \dfrac{\boxed{}}{\boxed{}} = \boxed{}$

05. $1.2 \div 8 = \dfrac{\boxed{}}{100} \times \dfrac{\boxed{}}{\boxed{}} = \boxed{}$

06. $32.7 \div 6 = \dfrac{\boxed{}}{\boxed{}} \times \dfrac{\boxed{}}{\boxed{}} = \dfrac{\boxed{}}{\boxed{}} = \dfrac{\boxed{}}{\boxed{}}$

$= \boxed{}$

07. $17.6 \div 5 = \dfrac{\boxed{}}{\boxed{}} \times \dfrac{\boxed{}}{\boxed{}} = \dfrac{\boxed{}}{\boxed{}} = \dfrac{\boxed{}}{\boxed{}}$

$= \boxed{}$

10.6 = 10.60
08. $10.6 \div 4 = \dfrac{\boxed{}}{100} \times \dfrac{\boxed{}}{\boxed{}} = \dfrac{\boxed{}}{\boxed{}} = \boxed{}$

바로 떨어지지 않으면 10.6을 10.60이라 생각하고 계산합니다.

09. $49.2 \div 8 = \dfrac{\boxed{}}{100} \times \dfrac{\boxed{}}{\boxed{}} = \dfrac{\boxed{}}{\boxed{}} = \boxed{}$

10. $16.7 \div 2 = \dfrac{\boxed{}}{100} \times \dfrac{\boxed{}}{\boxed{}} = \boxed{}$

※ 위와 같이 첫번째 단계와 두번째 단계를 합해서 더 빨리 계산할 수 있습니다.

이어서 나는 ⬜ 을(를) 공부/연습할거야!!

27 0을 내려 계산하는 소수÷자연수 (2)

2.1 ÷ 6의 계산 ③ : 세로셈으로 계산하기

```
   0.3            0.3            0.3 5
6)2.1     →    6)2.1 0    →   6)2.1 0
  1 8            1 8            1 8
    3              3 0            3 0
                                 3 0
                                   0
```

나뉠 수의 소수점에 맞추어 몫의 소수점을 찍습니다.
자연수 부분이 나눠지지 않으면 0.을 먼저 적습니다.

2.1 ÷ 4의 계산

```
   0.5 2           0.5 2          0.5 2 5
4)2.1 0     →    4)2.1 0 0   →   4)2 1.4 0
  2 0 8           2 0 8 0         2 0 8
      2                 2 0           2 0
중간 생략                              2 0
하였음                                    0
```

나머지가 없을때까지 소수점 밑에 0을 내려 붙여 계속 계산합니다.

아래 세로셈을 <u>나머지가 **0**이 될때까지</u> 나누어 몫을 구하세요.
나누어 떨어질때까지

01. 3.9 ÷ 5 = ☐

```
5)3.9
```

04. 5.4 ÷ 4 = ☐

```
4)5.4
```

07. 3.1 ÷ 4 = ☐

```
4)3.1
```

02. 2.2 ÷ 4 = ☐

```
)
```

05. 6.9 ÷ 2 = ☐

```
)
```

08. 2.6 ÷ 8 = ☐

```
)
```

03. 5.2 ÷ 8 = ☐

```
)
```

06. 7.1 ÷ 5 = ☐

```
)
```

09. 2.3 ÷ 4 = ☐

```
)
```

※ 풀이할 공간이 부족할 경우는 연습장을 이용하세요.

 소리내 읽기

3 ÷ 4의 계산 ① : 분수로 고쳐 계산하기

$$3 \div 4 = \frac{300}{100} \div 4 = \frac{\overset{75}{300}}{100} \times \frac{1}{\cancel{4}_1} = \frac{75}{100} = 0.75$$

$$3 \div 4 = 3 \times \frac{1}{4} = \frac{3^{\times 25}}{4_{\times 25}} = \frac{75}{100} = 0.75$$

※ 계산 후 분모를 10, 100, 1000인 분수로 고치고, 소수로 나타냅니다.

24 ÷ 50의 계산

$$24 \div 50 = \frac{2400}{100} \div 50 = \frac{\overset{48}{2400}}{100} \times \frac{1}{\cancel{50}_1} = \frac{48}{100} = 0.48$$

$$24 \div 50 = 24 \times \frac{1}{50} = \frac{24^{\times 2}}{50_{\times 2}} = \frac{48}{100} = 0.48$$

※ 계산 후 분모가 10, 100, 1000이 아니면, 분모와 분자에 같은 수를 곱하여, 분모가 10, 100, 1000인 분수로 고치고, 소수로 나타냅니다.

 소리내 풀기   아래 소수의 나눗셈을 분수로 고쳐서 계산하는 방법으로 계산하여 몫을 소수로 구하세요.

소수 1자리 = 1.0

01. $\overline{1} \div 2 = \dfrac{\square}{10} \times \dfrac{\square}{\square} = \dfrac{\square}{\square} = \square$

바로 떨어지지 않으면 1을 1.0이라 생각하고 계산합니다.

↳ 10,100,1000을 분모로 하는 분수로 바꿔 줍니다.

02. $3 \div 20 = \dfrac{\square}{100} \times \dfrac{\square}{\square} = \dfrac{\square}{\square} = \square$

03. $18 \div 24 = \dfrac{\square}{100} \times \dfrac{\square}{\square} = \dfrac{\square}{\square} = \square$

04. $3 \div 2 = \dfrac{\square}{10} \times \dfrac{\square}{\square} = \dfrac{\square}{\square} = \square$

05. $15 \div 4 = \dfrac{\square}{100} \times \dfrac{\square}{\square} = \dfrac{\square}{\square} = \square$

06. $27 \div 12 = \dfrac{\square}{100} \times \dfrac{\square}{\square} = \dfrac{\square}{\square} = \square$

×5

07. $1 \div 2 = \dfrac{\square}{2_{\times 5}} = \dfrac{\square}{10} = \square$

↳ 분모가 10,100,1000인 분수로 바꿔 줍니다.

08. $5 \div 4 = \dfrac{\square}{\square} = \dfrac{\square}{100} = \square$

09. $23 \div 50 = \dfrac{\square}{\square} = \dfrac{\square}{\square} = \square$

10. $6 \div 5 = \dfrac{\square}{\square} = \dfrac{\square}{\square} = \square$

11. $14 \div 8 = \dfrac{\square}{\square} = \dfrac{\square}{\square} = \square$

12. $43 \div 20 = \dfrac{\square}{\square} = \dfrac{\square}{\square} = \square$

※ 분모를 10과 1000으로 해야하는 문제도 있지만, 특별한 말이 없는 한 100을 분모로 하는 분수로 만든 후 계산합니다.
(몫을 구한 뒤 0을 빼거나 소수점을 이동하면 됩니다.) → 분모를 10으로 계산해보고 안되면 100, 1000으로 높여 계산할 수도 있습니다.

29 몫이 소수인 자연수÷자연수 (2)

3÷4의 계산 ③ : 세로셈으로 계산하기

```
      7              7 5          0.7 5
  4)3.0         4)3.0 0       4)3.0 0
    2 8            2 8            2 8
      2            2 0            2 0
                   2 0            2 0
                     0              0
```

나머지가 0이 될때까지 오른쪽 끝자리에 0이 계속 있는 것으로 생각하고 계산하고, 나뉠 수의 소수점에 맞추어 몫의 소수점을 찍습니다.

24÷50의 계산

```
       4             4 8          0.4 8
 50)2 4.0      50)2 4.0 0    50)2 4.0 0
    2 0 0         2 0 0          2 0 0
      4 0           4 0 0          4 0 0
                    4 0 0          4 0 0
                        0              0
```

24 = 24.0 = 24.00 = 24.000은 같은 수입니다.
나눠 떨어질때까지 소수점 밑의 0을 계속 붙여 계산합니다.

세로셈을 이용하여, 아래 나눗셈의 몫을 구하세요.

01. 4 ÷ 5 = ☐

```
5)4.0
```

04. 6 ÷ 8 = ☐

07. 21 ÷ 15 = ☐

02. 3 ÷ 6 = ☐

05. 24 ÷ 15 = ☐

08. 16 ÷ 20 = ☐

03. 6 ÷ 15 = ☐

06. 15 ÷ 4 = ☐

09. 27 ÷ 12 = ☐

※ 풀이할 공간이 부족할 경우는 연습장을 이용하세요.

이어서 나는 ☐ 을(를) 공부/연습할거야!!

45

30 소수÷자연수 (연습2)

소리내 풀기 | 아래 소수의 나눗셈을 분수로 고쳐서 계산하는 방법으로 계산하여 몫을 소수로 구하세요.

01.

$2.5 ÷ 2 = \dfrac{\boxed{}}{100} × \dfrac{\boxed{}}{\boxed{}} = \dfrac{\boxed{}}{\boxed{}} = \boxed{}$

바로 떨어지지 않으면
2.5을 2.50이라 생각하고
계산합니다.

02.

$4.1 ÷ 5 = \dfrac{\boxed{}}{100} × \dfrac{\boxed{}}{\boxed{}} = \dfrac{\boxed{}}{\boxed{}} = \boxed{}$

03.

$15.3 ÷ 4 = \dfrac{\boxed{}}{100} × \dfrac{\boxed{}}{\boxed{}} = \dfrac{\boxed{}}{\boxed{}} = \boxed{}$

바로 떨어지지 않으면
15.3을 15.30이라 생각하고
계산합니다.

04.

$31.6 ÷ 8 = \dfrac{\boxed{}}{100} × \dfrac{\boxed{}}{\boxed{}} = \dfrac{\boxed{}}{\boxed{}} = \boxed{}$

05.

$3 ÷ 2 = \dfrac{\boxed{}}{\boxed{}} × \dfrac{\boxed{}}{\boxed{}} = \dfrac{\boxed{}}{\boxed{}} = \boxed{}$

06.

$12 ÷ 15 = \dfrac{\boxed{}}{\boxed{}} × \dfrac{\boxed{}}{\boxed{}} = \dfrac{\boxed{}}{\boxed{}} = \boxed{}$

07.

$2 ÷ 8 = \dfrac{\boxed{}}{\boxed{}} × \dfrac{\boxed{}}{\boxed{}} = \dfrac{\boxed{}}{\boxed{}} = \boxed{}$

08.

$9 ÷ 12 = \dfrac{\boxed{}}{\boxed{}} × \dfrac{\boxed{}}{\boxed{}} = \dfrac{\boxed{}}{\boxed{}} = \boxed{}$

소리내 풀기 | 아래 세로셈을 나머지가 0이 될때까지 나누어 몫을 구하세요. 나누어 떨어질때까지

09.

$0.7 ÷ 4 = \boxed{}$

$4\,)\,\overline{0.7}$

10.

$3.4 ÷ 8 = \boxed{}$

11.

$1.3 ÷ 4 = \boxed{}$

12.

$5.8 ÷ 8 = \boxed{}$

13.

$7 ÷ 8 = \boxed{}$

$8\,)\,\overline{7}$

14.

$6 ÷ 16 = \boxed{}$

15.

$23 ÷ 40 = \boxed{}$

16.

$27 ÷ 24 = \boxed{}$

※ $2 = 2.0 = 2.00 = 2.000 = \dfrac{2}{1} = \dfrac{20}{10} = \dfrac{200}{100} = \dfrac{2000}{1000} = \cdots$

※ $2.1 = 2.10 = 2.100 = \dfrac{21}{10} = \dfrac{210}{100} = \dfrac{2100}{1000} = \cdots$

※ 소수점 밑에 0을 더 붙여 계속 나눌 수 있습니다.

이어서 나는 [ ]을(를) 공부/연습할거야!!

확인 (틀린 문제의 수를 적고, 약한 부분을 보충하세요.)

회차	틀린문제수
26 회	문제
27 회	문제
28 회	문제
29 회	문제
30 회	문제

오답노트 (앞에서 틀린 문제나 기억하고 싶은 문제를 적습니다.)

회	번
문제	풀이

회	번
문제	풀이

회	번
문제	풀이

회	번
문제	풀이

회	번
문제	풀이

생각해보기

앞에서 배운 5회차 내용이 모두 이해 되었나요?

1. 모두 이해되고 자신있다. → 다음 회로 넘어 갑니다.

2. 2~3문제 틀릴 수는 있겠지만 거의 이해한다.
   → 개념부분을 한번 더 읽고 다음 회로 넘어 갑니다.

3. 잘 모르는 것 같다.
   → 개념부분과 틀린문제를 한번 더 보고 다음 회로 넘어 갑니다.

틀린 문제가 있었다면 왜 틀렸을거라고 생각합니까?

1. 개념 설명이 어려워서 잘 모르겠다.   2. 다 아는데 실수한 것 같다.

3. 빨리 끝내고 싶어서 집중할 수가 없다.   4. 하기 싫어서....

31 소수 1자리 수 ÷ 소수 1자리 수

2.4 ÷ 0.4의 계산 ① : 분수로 고쳐 계산하기

분자끼리의 나눗셈

$$2.4 \div 0.4 = \frac{24}{10} \div \frac{4}{10} = 24 \div 4 = 6$$

분모가 10인 분수로 고치기

$$2.4 \div 0.4 = 24 \div 4 = 6$$

소수점을 오른쪽으로 한자리씩 옮기기

위의 풀이에서 분수부분을 생략하면 옆의 식이 만들어집니다.

2.4 ÷ 0.4의 계산 ② : 소수점을 옮겨 세로로 계산하기

$$0.4\overline{)2.4} \rightarrow 0.4\overline{)2.4} \rightarrow \begin{array}{r} 6 \\ 4\overline{)24} \\ 24 \\ \hline 0 \end{array}$$

소수점을 오른쪽으로 한자리씩 옮기기

나누는 수와 나눠지는 수의 소수점을 오른쪽으로 한자리씩 똑같이 옮겨주어, 자연수의 나눗셈과 같은 방법으로 계산합니다.

아래 소수의 나눗셈을 분수로 고쳐서 계산하는 방법으로 계산하여 몫을 소수로 구하세요.

01. $1.2 \div 0.3 = \dfrac{\square}{\square} \div \dfrac{\square}{\square} = \square \div \square = \square$

02. $2.5 \div 0.5 = \dfrac{\square}{\square} \div \dfrac{\square}{\square} = \square \div \square = \square$

03. $2.4 \div 0.4 = \dfrac{\square}{\square} \div \dfrac{\square}{\square} = \square \div \square = \square$

04. $5.4 \div 0.6 = \dfrac{\square}{\square} \div \dfrac{\square}{\square} = \square \div \square = \square$

05. $11.2 \div 1.4 = \dfrac{\square}{\square} \div \dfrac{\square}{\square} = \square \div \square = \square$

06. $16.8 \div 2.8 = \dfrac{\square}{\square} \div \dfrac{\square}{\square} = \square \div \square = \square$

아래 소수의 나눗셈을 소수점을 옮겨 세로로 계산하는 방법으로 몫을 구하세요.

07. $8.0 \div 1.6 = \square \div \square = \square$

$$16\overline{)80}$$

08. $6.4 \div 3.2 = \square \div \square = \square$

$$\overline{)}$$

09. $7.5 \div 2.5 = \square \div \square = \square$

$$\overline{)}$$

10. $25.2 \div 3.6 = \square \div \square = \square$

$$\overline{)}$$

※ 소수1자리수 ÷ 소수1자리수를 계산하는 방법은 반드시 똑같이 1자리씩 오른쪽으로 이동해야 합니다.

이어서 나는 $\boxed{}$ 을(를) 공부/연습할거야!!

아래 소수의 나눗셈을 분수로 고쳐서 계산하는 방법으로
계산하여 몫을 소수로 구하세요.

01. $2.4 ÷ 0.4 = \dfrac{\square}{\square} ÷ \dfrac{\square}{\square} = \square ÷ \square = \square$

02. $5.6 ÷ 0.8 = \dfrac{\square}{\square} ÷ \dfrac{\square}{\square} = \square ÷ \square = \square$

03. $3.6 ÷ 0.9 = \dfrac{\square}{\square} ÷ \dfrac{\square}{\square} = \square ÷ \square = \square$

04. $4.8 ÷ 0.6 = \dfrac{\square}{\square} ÷ \dfrac{\square}{\square} = \square ÷ \square = \square$

05. $13.5 ÷ 1.5 = \dfrac{\square}{\square} ÷ \dfrac{\square}{\square} = \square ÷ \square = \square$

06. $20.4 ÷ 3.4 = \dfrac{\square}{\square} ÷ \dfrac{\square}{\square} = \square ÷ \square = \square$

07. $11.2 ÷ 1.6 = \dfrac{\square}{\square} ÷ \dfrac{\square}{\square} = \square ÷ \square = \square$

08. $43.5 ÷ 2.9 = \dfrac{\square}{\square} ÷ \dfrac{\square}{\square} = \square ÷ \square = \square$

아래 소수의 나눗셈을 소수점을 옮겨
세로로 계산하는 방법으로 몫을 구하세요.

09. $4.0 ÷ 0.5 = \square ÷ \square = \square$

5)‾4‾0‾

10. $8.4 ÷ 1.2 = \square ÷ \square = \square$

)‾‾‾‾‾

11. $9.2 ÷ 2.3 = \square ÷ \square = \square$

)‾‾‾‾‾

12. $50.4 ÷ 4.2 = \square ÷ \square = \square$

)‾‾‾‾‾

13. $73.5 ÷ 3.5 = \square ÷ \square = \square$

)‾‾‾‾‾

※ 소수÷소수에서 소수점의 자리를 옮기는 방법으로 풀려면 반드시 똑같은 자리수를 오른쪽으로 이동해야 합니다.

33 소수 2자리 수 ÷ 소수 2자리 수

1.08 ÷ 0.12의 계산 ① : 분수로 고쳐 계산하기

분자끼리의 나눗셈

$$1.08 \div 0.12 = \frac{108}{100} \div \frac{12}{100} = 108 \div 12 = 9$$

분모가 10인 분수로 고치기

$$1.08 \div 0.12 = 108 \div 12 = 9$$

소수점을 오른쪽으로 두자리씩 옮기기

위의 풀이에서 분수부분을 생략하면 옆의 식이 만들어집니다.

1.08 ÷ 0.12의 계산 ② : 소수점을 옮겨 세로로 계산하기

$0.12\overline{)1.08}$ → $0.12\overline{)1.08}$ 소수점을 오른쪽으로 두자리씩 옮기기

$$12\overline{)108}$$ 나머지 9, 108, 108, 0

나누는 수와 나눠지는 수의 소수점을 오른쪽으로 두자리씩 똑같이 옮겨주어, 자연수의 나눗셈과 같은 방법으로 계산합니다.

아래 소수의 나눗셈을 분수로 고쳐서 계산하는 방법으로 계산하여 몫을 소수로 구하세요.

01. $0.12 \div 0.03 = \dfrac{\square}{\square} \div \dfrac{\square}{\square} = \square \div \square = \square$

02. $0.35 \div 0.07 = \dfrac{\square}{\square} \div \dfrac{\square}{\square} = \square \div \square = \square$

03. $0.48 \div 0.08 = \dfrac{\square}{\square} \div \dfrac{\square}{\square} = \square \div \square = \square$

04. $2.25 \div 0.25 = \dfrac{\square}{\square} \div \dfrac{\square}{\square} = \square \div \square = \square$

05. $5.68 \div 0.71 = \dfrac{\square}{\square} \div \dfrac{\square}{\square} = \square \div \square = \square$

06. $5.16 \div 0.86 = \dfrac{\square}{\square} \div \dfrac{\square}{\square} = \square \div \square = \square$

아래 소수의 나눗셈을 소수점을 옮겨 세로로 계산하는 방법으로 몫을 구하세요.

07. $0.40 \div 0.08 = \square \div \square = \square$

$$8\overline{)40}$$

08. $1.08 \div 0.54 = \square \div \square = \square$

$$\overline{)}$$

09. $2.48 \div 0.62 = \square \div \square = \square$

$$\overline{)}$$

10. $3.29 \div 0.47 = \square \div \square = \square$

$$\overline{)}$$

※ 소수2자리수 ÷ 소수2자리수를 계산하는 방법은 반드시 똑같이 2자리씩 오른쪽으로 이동해야 합니다.

이어서 나는 ☐ 을(를) 공부/연습할거야!!

아래 소수의 나눗셈을 분수로 고쳐서 계산하는 방법으로 계산하여 몫을 소수로 구하세요.

 아래 소수의 나눗셈을 소수점을 옮겨 세로로 계산하는 방법으로 몫을 구하세요.

01. $0.30 \div 0.05 = \dfrac{\Box}{\Box} \div \dfrac{\Box}{\Box} = \Box \div \Box = \Box$

02. $0.49 \div 0.07 = \dfrac{\Box}{\Box} \div \dfrac{\Box}{\Box} = \Box \div \Box = \Box$

03. $0.60 \div 0.15 = \dfrac{\Box}{\Box} \div \dfrac{\Box}{\Box} = \Box \div \Box = \Box$

04. $1.92 \div 0.24 = \dfrac{\Box}{\Box} \div \dfrac{\Box}{\Box} = \Box \div \Box = \Box$

05. $4.59 \div 0.51 = \dfrac{\Box}{\Box} \div \dfrac{\Box}{\Box} = \Box \div \Box = \Box$

06. $1.98 \div 0.33 = \dfrac{\Box}{\Box} \div \dfrac{\Box}{\Box} = \Box \div \Box = \Box$

07. $1.08 \div 0.09 = \dfrac{\Box}{\Box} \div \dfrac{\Box}{\Box} = \Box \div \Box = \Box$

08. $5.29 \div 0.23 = \dfrac{\Box}{\Box} \div \dfrac{\Box}{\Box} = \Box \div \Box = \Box$

09. $0.64 \div 0.08 = \Box \div \Box = \Box$

$8\,\overline{)\,6\ 4}$

10. $1.68 \div 0.24 = \Box \div \Box = \Box$

11. $1.40 \div 0.35 = \Box \div \Box = \Box$

12. $9.36 \div 0.72 = \Box \div \Box = \Box$

13. $3.84 \div 0.16 = \Box \div \Box = \Box$

※ 소수2자리수 ÷ 소수2자리수를 계산하는 방법은 반드시 똑같이 2자리씩 오른쪽으로 이동해야 합니다.

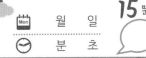

어제 먹다 남은 음료수 **2.4 L** 를 **0.3 L** 씩 컵에 따라 놓았습니다. 따라놓은 컵은 몇 잔이 될까요?

풀이) 음료수 전체 양 = **2.4** L   컵의 양 = **0.3** L

컵의 개수 = 음료수 전체양 ÷ 컵 1개의 양 이므로

식은 **2.4 ÷ 0.3** 이고, 값은 **8** 입니다.

식) **2.4 ÷ 0.3**   답) **8** 잔

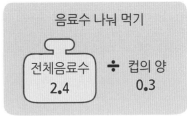

음료수 나눠 먹기

전체음료수
2.4 ÷ 컵의 양
0.3

아래의 문제를 풀어보세요.

01. 넓이가 **0.4** m²인 벽을 칠하는데 **0.8 L** 의 페인트가 사용 되었다면, 1 m²을 칠하는데는 몇 L가 사용되었을까요?

(식 2점
  답 1점)

풀이)

식) _____   답) _____ L

02. 길이가 **3 m**인 노란줄을 **0.5 m**씩 자르면, 노란줄은 몇 개가 될까요?

(식 2점
  답 1점)

풀이)

식) _____   답) _____ 개

03. **4.5 km**인 거리를 **1.8** 시간동안 걸어서 도착했습니다. 그렇다면 1 시간을 몇 km을 걸은 것일까요?

(식 2점
  답 1점)

풀이)

식) _____   답) _____ km

04. 내가 문제를 만들어 풀어 봅니다. (소수의 나눗셈)

(문제 2점
  식 2점
  답 2점)

풀이)

식) _____   답) _____

확인 (틀린 문제의 수를 적고, 약한 부분을 보충하세요.)

회차	틀린문제수
31 회	문제
32 회	문제
33 회	문제
34 회	문제
35 회	문제

오답노트 (앞에서 틀린 문제나 기억하고 싶은 문제를 적습니다.)

회	번
문제	풀이

회	번
문제	풀이

회	번
문제	풀이

회	번
문제	풀이

회	번
문제	풀이

생각해보기

앞에서 배운 5회차 내용이 모두 이해 되었나요?

1. 모두 이해되고 자신있다. → 다음 회로 넘어 갑니다.

2. 2~3문제 틀릴 수는 있겠지만 거의 이해한다.
   → 개념부분을 한번 더 읽고 다음 회로 넘어 갑니다.

3. 잘 모르는 것 같다.
   → 개념부분과 틀린문제를 한번 더 보고 다음 회로 넘어 갑니다.

틀린 문제가 있었다면 왜 틀렸을거라고 생각합니까?

1. 개념 설명이 어려워서 잘 모르겠다.   2. 다 아는데 실수한 것 같다.

3. 빨리 끝내고 싶어서 집중할 수가 없다.   4. 하기 싫어서....

36 자릿수가 다른 소수의 나눗셈

 1.35 ÷ 4.5의 계산 ① : 분수로 고쳐 계산하기

나누는 수가 자연수가 되도록

1.35 ÷ 4.5의 계산 ② : 소수점을 옮겨 세로로 계산하기

분자끼리의 나눗셈

$$1.35 \div 4.5 = \frac{13.5}{10} \div \frac{45}{10} = 13.5 \div 45 = 0.3$$

나누는 수가 자연수가 되도록 분모가 10인 분수로 고치기

$$1.35 \div 4.5 = 13.5 \div 45 = 0.3$$

소수점을 오른쪽으로 한자리씩 옮기기

위의 풀이에서
분수부분을
생략하면 옆의
식이 만들어집니다.

$$4.5\,\overline{)\,1.35} \quad \rightarrow \quad 4.5\,\overline{)\,1.35} \quad \rightarrow \quad \begin{array}{r} 0.3 \\ 45\,\overline{)\,13.5} \\ \underline{13\ 5} \\ 0 \end{array}$$

소수점을 오른쪽으로
한자리씩 옮기기

나누는 수와 나눠지는 수의 소수점을 오른쪽으로 한자리씩 똑같이 옮겨주어,
자연수의 나눗셈과 같은 방법으로 계산합니다.

 나누는 수가 자연수가 되도록 분모를 10이나, 100으로 고쳐
계산하는 방법으로 계산하여 몫을 소수로 구하세요.

 나누는 수가 자연수가 되도록 고쳐서
세로로 계산하는 방법으로 몫을 구하세요.

01. $0.12 \div 0.3 = \dfrac{\boxed{}}{10} \div \dfrac{\boxed{}}{10} = \boxed{} \div \boxed{} = \boxed{}$

07. $0.18 \div 0.6 = \boxed{} \div \boxed{} = \boxed{}$

$$6\,\overline{)\,1.8}$$

02. $0.25 \div 0.5 = \dfrac{\boxed{}}{\boxed{}} \div \dfrac{\boxed{}}{\boxed{}} = \boxed{} \div \boxed{} = \boxed{}$

08. $2.00 \div 0.8 = \boxed{} \div \boxed{} = \boxed{}$

$$\overline{)\,}$$

03. $0.24 \div 0.4 = \dfrac{\boxed{}}{\boxed{}} \div \dfrac{\boxed{}}{\boxed{}} = \boxed{} \div \boxed{} = \boxed{}$

04. $0.035 \div 0.05 = \dfrac{\boxed{}}{100} \div \dfrac{\boxed{}}{100} = \boxed{} \div \boxed{} = \boxed{}$

09. $0.028 \div 0.7 = \boxed{} \div \boxed{} = \boxed{}$

$$\overline{)\,}$$

05. $0.6 \div 0.75 = \dfrac{\boxed{}}{\boxed{}} \div \dfrac{\boxed{}}{\boxed{}} = \boxed{} \div \boxed{} = \boxed{}$

10. $1.472 \div 0.46 = \boxed{} \div \boxed{} = \boxed{}$

$$\overline{)\,}$$

06. $1.1 \div 0.25 = \dfrac{\boxed{}}{\boxed{}} \div \dfrac{\boxed{}}{\boxed{}} = \boxed{} \div \boxed{} = \boxed{}$

※ 소수의 나눗셈에서 소수점의 자리 이동은 반드시 똑같은 자리수를 오른쪽으로 이동해야 합니다.

 아래 소수의 나눗셈을 분수로 고쳐서 계산하는 방법으로
계산하여 몫을 소수로 구하세요.

1. $0.36 \div 0.9 = \dfrac{\boxed{}}{10} \div \dfrac{\boxed{}}{10} = \boxed{} \div \boxed{} = \boxed{}$

2. $0.72 \div 0.8 = \dfrac{\boxed{}}{\boxed{}} \div \dfrac{\boxed{}}{\boxed{}} = \boxed{} \div \boxed{} = \boxed{}$

3. $1.08 \div 0.6 = \dfrac{\boxed{}}{\boxed{}} \div \dfrac{\boxed{}}{\boxed{}} = \boxed{} \div \boxed{} = \boxed{}$

4. $0.154 \div 0.7 = \dfrac{\boxed{}}{10} \div \dfrac{\boxed{}}{10} = \boxed{} \div \boxed{} = \boxed{}$

5. $0.192 \div 0.12 = \dfrac{\boxed{}}{\boxed{}} \div \dfrac{\boxed{}}{100} = \boxed{} \div \boxed{} = \boxed{}$

6. $0.1 \div 0.25 = \dfrac{\boxed{}}{\boxed{}} \div \dfrac{\boxed{}}{\boxed{}} = \boxed{} \div \boxed{} = \boxed{}$

7. $2.1 \div 0.75 = \dfrac{\boxed{}}{\boxed{}} \div \dfrac{\boxed{}}{\boxed{}} = \boxed{} \div \boxed{} = \boxed{}$

8. $0.15 \div 0.125 = \dfrac{\boxed{}}{\boxed{}} \div \dfrac{\boxed{}}{\boxed{}} = \boxed{} \div \boxed{} = \boxed{}$

아래 소수의 나눗셈을 소수점을 옮겨
세로로 계산하는 방법으로 몫을 구하세요.

09. $2.76 \div 1.2 = \boxed{} \div \boxed{} = \boxed{}$

10. $1.62 \div 0.9 = \boxed{} \div \boxed{} = \boxed{}$

11. $0.884 \div 2.6 = \boxed{} \div \boxed{} = \boxed{}$

12.
$0.504 \div 0.56 = \boxed{} \div \boxed{} = \boxed{}$

13.
$1.638 \div 0.42 = \boxed{} \div \boxed{} = \boxed{}$

※ 자릿수가 다른 소수의 나눗셈은 나누는 수가 자연수가 되도록 두 소수를 똑같은 수만큼 오른쪽으로 이동해 계산합니다.

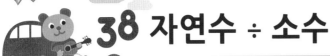

13÷6.5의 계산 ①: 분수로 고쳐 계산하기

분자끼리의 나눗셈

$$13 \div 6.5 = \frac{130}{10} \div \frac{65}{10} = 130 \div 65 = 2$$

나누는 수가 자연수가 되도록 분모가 10인 분수로 고치기

$$13.0 \div 6.5 = 130 \div 65 = 2$$

소수점을 오른쪽으로 한자리씩 옮기기

위의 풀이에서 분수부분을 생략하면 옆의 식이 만들어집니다.

나누는 수가 자연수가 되도록
13÷6.5의 계산 ②: 소수점을 옮겨 세로로 계산하기

$$6.5 \overline{)13}$$ → $$6.5 \overline{)13.0}$$ →

```
        2
  65 ) 1 3 0
        1 3 0
            0
```

소수점을 오른쪽으로 한자리씩 옮기기

나누는 수와 나눠지는 수의 소수점을 오른쪽으로 한자리씩 똑같이 옮겨주어, 자연수의 나눗셈과 같은 방법으로 계산합니다.

나누는 수가 자연수가 되도록 분모를 10이나, 100으로 고쳐 계산하는 방법으로 계산하여 몫을 소수로 구하세요.

01. $2 \div 0.4 = \dfrac{\boxed{}}{10} \div \dfrac{\boxed{}}{10} = \boxed{} \div \boxed{} = \boxed{}$

02. $6 \div 1.2 = \dfrac{\boxed{}}{\boxed{}} \div \dfrac{\boxed{}}{\boxed{}} = \boxed{} \div \boxed{} = \boxed{}$

03. $2 \div 0.25 = \dfrac{\boxed{}}{100} \div \dfrac{\boxed{}}{100} = \boxed{} \div \boxed{} = \boxed{}$

04. $10 \div 2.5 = \dfrac{\boxed{}}{\boxed{}} \div \dfrac{\boxed{}}{\boxed{}} = \boxed{} \div \boxed{} = \boxed{}$

05. $16 \div 3.2 = \dfrac{\boxed{}}{\boxed{}} \div \dfrac{\boxed{}}{\boxed{}} = \boxed{} \div \boxed{} = \boxed{}$

06. $18 \div 0.75 = \dfrac{\boxed{}}{\boxed{}} \div \dfrac{\boxed{}}{\boxed{}} = \boxed{} \div \boxed{} = \boxed{}$

나누는 수가 자연수가 되도록 고쳐서 세로로 계산하는 방법으로 몫을 구하세요.

07. $4 \div 0.8 = \boxed{} \div \boxed{} = \boxed{}$

08. $12 \div 1.5 = \boxed{} \div \boxed{} = \boxed{}$

09. $3 \div 0.75 = \boxed{} \div \boxed{} = \boxed{}$

10. $6 \div 0.125 = \boxed{} \div \boxed{} = \boxed{}$

※ 소수의 나눗셈에서 똑같은 자리수끼리 이동하면 몫은 같습니다. 13÷1.2=130÷12=1300÷120=2

39 자연수 ÷ 소수 (연습)

Mon 월 일
분 초

13 문제 중
문제 맞았어!

 소리내 풀기
아래 소수의 나눗셈을 분수로 고쳐서 계산하는 방법으로
계산하여 몫을 소수로 구하세요.

01. $4 ÷ 0.8 = \dfrac{\boxed{}}{10} ÷ \dfrac{\boxed{}}{10} = \boxed{} ÷ \boxed{} = \boxed{}$

02. $7 ÷ 3.5 = \dfrac{\boxed{}}{\boxed{}} ÷ \dfrac{\boxed{}}{\boxed{}} = \boxed{} ÷ \boxed{} = \boxed{}$

03. $9 ÷ 0.75 = \dfrac{\boxed{}}{100} ÷ \dfrac{\boxed{}}{100} = \boxed{} ÷ \boxed{} = \boxed{}$

04. $3 ÷ 0.15 = \dfrac{\boxed{}}{100} ÷ \dfrac{\boxed{}}{100} = \boxed{} ÷ \boxed{} = \boxed{}$

05. $13 ÷ 2.6 = \dfrac{\boxed{}}{\boxed{}} ÷ \dfrac{\boxed{}}{\boxed{}} = \boxed{} ÷ \boxed{} = \boxed{}$

06. $21 ÷ 1.4 = \dfrac{\boxed{}}{\boxed{}} ÷ \dfrac{\boxed{}}{\boxed{}} = \boxed{} ÷ \boxed{} = \boxed{}$

07. $10 ÷ 1.25 = \dfrac{\boxed{}}{\boxed{}} ÷ \dfrac{\boxed{}}{\boxed{}} = \boxed{} ÷ \boxed{} = \boxed{}$

08. $16 ÷ 0.32 = \dfrac{\boxed{}}{\boxed{}} ÷ \dfrac{\boxed{}}{\boxed{}} = \boxed{} ÷ \boxed{} = \boxed{}$

 소리내 풀기
아래 소수의 나눗셈을 소수점을 옮겨
세로로 계산하는 방법으로 몫을 구하세요.

09. $2 ÷ 0.5 = \boxed{} ÷ \boxed{} = \boxed{}$

10. $69 ÷ 4.6 = \boxed{} ÷ \boxed{} = \boxed{}$

11. $29 ÷ 1.45 = \boxed{} ÷ \boxed{} = \boxed{}$

12. $9 ÷ 0.375 = \boxed{} ÷ \boxed{} = \boxed{}$

13. $11 ÷ 0.125 = \boxed{} ÷ \boxed{} = \boxed{}$

※ 소수2자리수 ÷ 소수2자리수를 계산하는 방법은 반드시 똑같이 2자리씩 오른쪽으로 이동해야 합니다.

이어서 나는 [   ]을(를) 공부/연습할거야!!

 소리내읽기

400 ÷ 5 = 40 ÷ 0.5 = 4 ÷ 0.05 = 80

400	÷	5	=	80

나누는 수와

40.0	÷	0.5	=	80

나눠지는 수의 소수점을

4.00	÷	0.05	=	80

똑같이 이동해서 나누면 몫은 항상 같습니다.

두 수의 소수점을 똑같이 이동하면 몫은 항상 같으므로,

0.42	÷	0.6	=	0.7

이면

4.2	÷	6	=	0.7

이고

42	÷	60	=	0.7

입니다.

 소리내풀기 위의 내용을 이해하고, 아래 문제의 빈 칸에 알맞은 수를 적으세요.

01.
52 ÷ 4 = 13
5.2 ÷ 0.4 = ☐
0.52 ÷ 0.04 = ☐
0.052 ÷ 0.004 = ☐

05.
0.048 ÷ 0.012 = 4
0.48 ÷ 0.12 = ☐
4.8 ÷ 1.2 = ☐
48 ÷ 12 = ☐

02.
120 ÷ 15 = 8
12 ÷ ☐ = 8
1.2 ÷ ☐ = 8
0.12 ÷ ☐ = 8

06.
0.171 ÷ 0.57 = 0.3
1.71 ÷ ☐ = 0.3
17.1 ÷ ☐ = 0.3
171 ÷ ☐ = 0.3

03.
276 ÷ 23 = 12
☐ ÷ 2.3 = 12
☐ ÷ 0.23 = 12
☐ ÷ 0.023 = 12

07.
0.005 ÷ 1.25 = 0.004
☐ ÷ 12.5 = 0.004
☐ ÷ 125 = 0.004
☐ ÷ 1250 = 0.004

04.
420 ÷ 20 = 21
☐ ÷ 2 = 21
4.2 ÷ ☐ = 21
0.42 ÷ 0.02 = ☐

08.
0.072 ÷ 0.8 = 0.09
☐ ÷ 8 = 0.09
7.2 ÷ ☐ = 0.09
72 ÷ 800 = ☐

확인

회차	틀린문제수
36 회	문제
37 회	문제
38 회	문제
39 회	문제
40 회	문제

오답노트 (앞에서 틀린 문제나 기억하고 싶은 문제를 적습니다.)

회	번
문제	풀이

회	번
문제	풀이

회	번
문제	풀이

회	번
문제	풀이

회	번
문제	풀이

생각해보기

앞에서 배운 5회차 내용이 모두 이해 되었나요?

1. 모두 이해되고 자신있다. → 다음 회로 넘어 갑니다.

2. 2~3문제 틀릴 수는 있겠지만 거의 이해한다.
   → 개념부분을 한번 더 읽고 다음 회로 넘어 갑니다.

3. 잘 모르는 것 같다.
   → 개념부분과 틀린문제를 한번 더 보고 다음 회로 넘어 갑니다.

틀린 문제가 있었다면 왜 틀렸을거라고 생각합니까?

1. 개념 설명이 어려워서 잘 모르겠다.   2. 다 아는데 실수한 것 같다.

3. 빨리 끝내고 싶어서 집중할 수가 없다.   4. 하기 싫어서....

41 소수의 나눗셈과 나머지 (1)

 1.3÷0.5 의 몫을 자연수까지 구하고, 나머지 구하기

똑같이 덜어내기

1.3 − 0.5 − 0.5 = 0.3

➡ 1.3에서 0.5를 2번 덜어내면
0.3이 남습니다.

➡ 1.3 ÷ 0.5 = 2 … 0.3
검산) 0.5 × 2 + 0.3 = 1.3

세로로 계산하여 구하기

① 1.3 ÷ 0.5 를
소수점 **1**자리씩 이동하여
13 ÷ 5로 고쳐 몫을 구합니다.

② 이때의 나머지 **3**을
소수점 **1**자리 이동하여
0.3으로 고쳐 나머지를 구합니다.

③ 검산식을 이용하여
검산하여 확인합니다.

```
        2
  5 )  1 3
      1 0
        3  ┈┈┈➤  0.3  ← 나머지
```
소수점 **1**자리 이동하여

검산하기

1.3÷0.5=2…0.3
➡ 0.5×2+0.3=1.3

 세로식을 이용하여 몫을 자연수까지 구하고, 그 몫과 나머지를 이용하여 검산하세요.

01. 4.9÷0.6 = ☐ … ☐

```
      ☐
 6 )  4 9
```

검산) 0.6× ☐ + ☐ = 4.9

03. 7.8÷2.1= ☐ … ☐

검산) 2.1× ☐ + ☐ =7.8

05. 0.6÷0.09= ☐ … ☐

검산) 0.09× ☐ + ☐ =0.●

02. 5.3÷1.4 = ☐ … ☐

검산) 1.4× ☐ + ☐ = 5.3

04. 40.9÷18= ☐ … ☐

검산) 18× ☐ + ☐ =40.9

06. 3.1÷0.36= ☐ … ☐

검산) 0.36× ☐ + ☐ =3.●

세로 계산은 나누는 수가 자연수가 되도록 소수점을 이동하여
몫을 구하고, 나머지도 소수점을 이동해서 나머지를 구합니다.

세로 계산에서 소수점 자리 이동을 하지 않았다면
나머지도 소수점 자리 이동을 할 필요가 없습니다.

세로 계산에서 소수점을 **2**자리 이동 했다면
나머지도 소수점을 **2**자리 이동합니다.

42 소수의 나눗셈과 나머지 (2)

1.34 ÷ 0.5 의 몫을 자연수까지 구하고, 나머지 구하기

똑같이 덜어내기

1.34 − 0.5 − 0.5 = 0.34

➡ 1.34에서 0.5를 2번 덜어내면 0.34가 남습니다.

➡ 1.3 ÷ 0.5 = 2 … 0.34

검산) 0.5 × 2 + 0.34 = 1.34

세로로 계산하여 구하기

① 1.34 ÷ 0.5 를
소수점 1자리씩 이동하여
13 ÷ 5로 고쳐 몫을 구합니다.

```
       2
  5 ) 1 3 . 4
     1 0
       3 . 4
```

② 이때의 나머지 3.4를
소수점 1자리 이동하여
0.34로 고쳐 나머지를 구합니다.

소수점 1자리 이동하여
········➡ 0.34 ← 나머지

③ 검산식을 이용하여
검산하여 확인합니다.

검산하기

1.34 ÷ 0.5 = 2 … 0.34

➡ 0.5 × 2 + 0.34 = 1.34

세로식을 이용하여 몫을 자연수까지 구하고, 그 몫과 나머지를 이용하여 검산하세요.

01. 2.84 ÷ 0.8 = ☐ … ☐

```
  8 ) 2 8 . 4
```

검산) 0.8 × ☐ + ☐ = 2.84

03. 5.03 ÷ 3.5 = ☐ … ☐

```
  )
```

검산) 3.5 × ☐ + ☐ = 5.03

05. 0.42 ÷ 0.09 = ☐ … ☐

```
  )
```

검산) 0.09 × ☐ + ☐ = 0.42

02. 6.25 ÷ 2.4 = ☐ … ☐

```
  )
```

검산) 2.4 × ☐ + ☐ = 6.25

04. 2 ÷ 0.52 = ☐ … ☐

```
  )
```

검산) 0.52 × ☐ + ☐ = 2

06. 11.9 ÷ 1.38 = ☐ … ☐

```
  )
```

검산) 1.38 × ☐ + ☐ = 11.9

로 계산은 나누는 수가 자연수가 되도록 소수점을 이동하여 을 구하고, 나머지도 소수점을 이동해서 나머지를 구합니다.

세로 계산에서 소수점을 2자리 이동 했다면, 나머지도 소수점을 2자리 이동합니다.

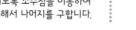

소리내 풀기 아래 나눗셈의 몫을 소수 1째자리 구하고, 나머지를 이용하여 검산하세요.

01. 10.3÷37= [   ] ⋯ [   ]

03. 5.24÷4.2= [   ] ⋯ [   ]

05. 7.9÷2.15= [   ] ⋯ [   ]

검산)
_____

검산)
_____

검산)
_____

02. 41.9÷53= [   ] ⋯ [   ]

04. 6.17÷3.6= [   ] ⋯ [   ]

06. 5.2÷1.12= [   ] ⋯ [   ]

검산)
_____

검산)
_____

검산)
_____

Mon 월 일
분 초

15 문제 중
문제
맞았!

문제) 어떤 수에 1.5 를 곱하였더니 0.24 가 나왔습니다. 어떤 수를 구하세요.

풀이) 곱한 수 = 1.5   값 = 0.24

모르는 값 = 값 ÷ 곱한 값 이므로

식은 0.24 ÷ 1.5 이고, 값은 0.16 입니다.

식) 0.24 ÷ 1.5   답) 0.16

어떤수 × ★ = ◆

어떤수   = ◆ ÷ ★

아래의 문제를 풀어보세요.

01. 어떤 수에 0.8 를 곱하였더니 6 이 나왔습니다.
어떤 수를 구하세요.

(식 2점
답 1점)

풀이)

식) _____   답) _____

02. 어떤 수에 0.25 를 곱하였더니 0.4 가 나왔습니다.
어떤 수를 소수로 구하세요.

(식 2점
답 1점)

풀이)

식) _____   답) _____

03. 어떤 수에 0.24 를 곱하였더니 1.5 가 나왔습니다.
어떤 수를 소수로 구하세요.

(식 2점
답 1점)

풀이)

식) _____   답) _____

04. 내가 문제를 만들어 풀어 봅니다. (소수의 나눗셈, 어떤 수 구하기)

(문제 2점
식 2점
답 2점)

풀이)

식) _____   답) _____

문제) 밀가루 3.25 kg 으로, 빵 5 개를 만들었습니다. 빵 한 개를 만드는 데 밀가루는 몇 kg 사용되었는지 소수로 구하세요.

풀이) 밀가루 = 3.25 kg   빵 = 5 개

빵 1개 밀가루 = 전체 밀가루 ÷ 빵의 개수 이므로

식은 3.25 ÷ 5 이고, 값은 0.65 입니다.

식) 3.25 ÷ 5   답) 0.65 kg

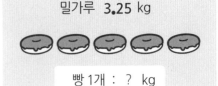

밀가루 3.25 kg

빵 1개 : ? kg

아래의 문제를 풀어보세요.

01. 7.5 L의 생수를 하루에 1.25 L씩 먹으면 몇 일을 먹을 수 있을까요?

(식 2점
답 1점)

풀이)

식) _____   답) _____ 일

답을 적을때
단위를 적거나
꼭 확인합니다.

02. 시장까지의 거리는 1.56 km이고, 학교까지는 1.3 km 입니다. 시장은 학교보다 몇 배 더 먼지 소수로 구하세요.

힌트 : 학교보다 더 먼지를 물었으므로,   (식 2점
학교의 거리로 나눠야 합니다.   답 1점)

풀이)

식) _____   답) _____ 배

03. 민체는 4.68 시간 동안 3.12 km를 걸었습니다. 1시간에는 몇 m를 걸은 것인지 소수로 구하세요.

(식 2점
답 1점)

풀이)

식) _____   답) _____ m

1 km = 1000
0.5 km = 500

04. 내가 문제를 만들어 풀어 봅니다. (소수의 나눗셈)

(문제 2점
식 2점
답 2점)

풀이)

식) _____   답) _____

확인 (틀린 문제의 수를 적고, 약한 부분을 보충하세요.)

회차	틀린문제수
41 회	문제
42 회	문제
43 회	문제
44 회	문제
45 회	문제

생각해보기

앞에서 배운 5회차 내용이 모두 이해 되었나요?

1. 모두 이해되고 자신있다. → 다음 회로 넘어 갑니다.

2. 2~3문제 틀릴 수는 있겠지만 거의 이해한다.
　 → 개념부분을 한번 더 읽고 다음 회로 넘어 갑니다.

3. 잘 모르는 것 같다.
　 → 개념부분과 틀린문제를 한번 더 보고 다음 회로 넘어 갑니다.

틀린 문제가 있었다면 왜 틀렸을거라고 생각합니까?

1. 개념 설명이 어려워서 잘 모르겠다.　 2. 다 아는데 실수한 것 같다.

3. 빨리 끝내고 싶어서 집중할 수가 없다.　 4. 하기 싫어서....

오답노트 (앞에서 틀린 문제나 기억하고 싶은 문제를 적습니다.)

회	번
문제	풀이

회	번
문제	풀이

회	번
문제	풀이

회	번
문제	풀이

회	번
문제	풀이

46 소수를 어림하여 나타내기

 소수도 자연수를 어림하는 방법으로 어림하여 나타낼 수 있습니다.

자연수의 어림과 같이

올림 : 아래의 수 전체가 0이 아니면 무조건 올려 줍니다.

반올림 : 어림하는 수가 4까지는 버리고, 5부터 올려줍니다.

버림 : 아래의 수 전체를 버리고, 0으로 만들어 줍니다.

반올림/올림/버림하여 소수 1째자리까지 나타내라고 하면, 소수 2째 자리 밑의 수를 보고 어림합니다.

3.251을 소수2째 자리에서 ⎯ 올림하면 3.3이 됩니다.
⎯ 반올림하면 3.3이 됩니다.
⎯ 버림하면 3.2가 됩니다.

➡ 소수1째자리까지 나타내기

 아래의 수를 어림한 값을 적으세요.

01. 2.3̲4̲5̲를 소수3째자리에서 올림하면 [   ] 가 되고,

반올림하면 [   ] 가 되고,

버림하면 [   ] 가 됩니다.

※ 소수 3째 자리에서 올림하기 = 올림하여 소수 2째 자리까지 나타내기
※ 소수 3째 자리에서 반올림하기 = 반올림하여 소수 2째 자리까지 나타내기
 : 소수 3째 의 자리 수가 1~4까지 버림 5~9까지 올림
※ 소수 3째 자리에서 버림하기 = 버림하여 소수 2째 자리까지 나타내기

02. 2.3̲4̲5̲를 소수2째자리에서 올림하면 [   ] 가 되고,

반올림하면 [   ] 이 되고,

버림하면 [   ] 이 됩니다.

※ 소수 3째 자리에서 올림하기 = 올림하여 소수 2째 자리까지 나타내기
※ 소수 3째 자리에서 반올림하기 = 반올림하여 소수 2째 자리까지 나타내기
 : 소수 3째 의 자리 수가 1~4까지 버림 5~9까지 올림
※ 소수 3째 자리에서 버림하기 = 버림하여 소수 2째 자리까지 나타내기

03. 2.3̲4̲5̲를 소수1째자리에서 올림하면 [   ] 이 되고,

반올림하면 [   ] 가 되고,

버림하면 [   ] 가 됩니다.

※ 소수 1째 자리에서 올림하기 = 올림하여 자연수로나타내기
※ 소수 1째 자리에서 반올림하기 = 반올림하여 자연수로나타내기
※ 소수 1째 자리에서 버림하기 = 버림하여 자연수로나타내기

04. 아래의 수를 올림하세요.

수	소수2째 자리에서 올림하세요.	소수2째 자리까지 나타내세요.
1.456		
2.015		
3.001		

05. 아래의 수를 반올림하세요.

수	소수1째 자리에서 반올림하세요.	소수1째 자리까지 나타내세요.
1.456		
2.015		
3.509		
0.159		

06. 아래의 수를 버림하세요.

수	소수3째 자리에서 버림하세요.	자연수로 나타내세요.
1.456		
2.015		
0.159		

※ 반올림은 4까지 죽이고, 5부터 올려준다고 해서 사사오입이라고도 합니다.

나눗셈의 몫이 소수로 나눠 떨어지지 않을때 **반올림, 올림, 버림**하여 **몫을 어림**할 수 있습니다.

```
           0.8 6 6 …
1.5 ) 1.3 0 0 0
        1 2 0 0 0
          1 0 0 0
            9 0 0
              1 0
               ⋮
```

1.3 ÷ 1.5 = 0.866···

1.3 ÷ 1.5는 0을 내려 계산을 해도 계속 같은 숫자가 반복되고, 0으로 떨어지지 않습니다.

➡ 소수점 아래 너무 내려가면 편의상 어림하여 나타냅니다.

1.3÷1.5의 몫을 반올림하여 소수 첫째자리까지 나타내기

1.3 ÷ 1.5 = 0.866··· ➡ 0.9

1.3÷1.5의 몫을 버림하여 소수 둘째자리까지 나타내기

1.3 ÷ 1.5 = 0.866··· ➡ 0.86

아래 나눗셈의 몫을 소수 3째 자리까지 구하고, 반올림하여 소수 2째자리까지 나타내세요.

01. 5 ÷ 6 = 0.833···

어림한 몫 :

02. 7 ÷ 9 = 0.777···

어림한 몫 :

03. 8 ÷ 13 = 0.615···

어림한 몫 :

04. 12 ÷ 7 = 1.714···

어림한 몫 :

05. 14 ÷ 24 = 0.583···

어림한 몫 :

06. 0.5 ÷ 3 = 0.166···

어림한 몫 :

07. 0.6 ÷ 7 = 0.0857···

어림한 몫 :

08. 1.3 ÷ 9 = 0.144···

어림한 몫 :

09. 3.5 ÷ 13 = 0.269···

어림한 몫 :

10. 5.6 ÷ 26 = 0.215···

어림한 몫 :

11. 9 ÷ 7 =

어림한 몫 :

```
 )
```

12. 4.3 ÷ 8 =

어림한 몫 :

```
 )
```

※ 풀이할 공간이 부족할 경우는 연습장을 이용하세요.

48 몫을 어림하여 나타내기 (연습1)

 소리내 풀기 아래 나눗셈의 몫을 소수 3째 자리까지 구하고, 올림하여 소수 2째자리까지 나타내세요.

01. $4 \div 3 = 1.333\cdots$

어림한 몫 :

02. $7 \div 8 = 0.875$

어림한 몫 :

03. $9 \div 21 = 0.428\cdots$

어림한 몫 :

04. $16 \div 9 = 1.777\cdots$

어림한 몫 :

05. $4.5 \div 4 = 1.125$

어림한 몫 :

06. $3.2 \div 9 = 0.355\cdots$

어림한 몫 :

07. $5.6 \div 12 = 0.466\cdots$

어림한 몫 :

08. $7.5 \div 8 = 0.937\cdots$

어림한 몫 :

09. $8 \div 6 =$

어림한 몫 :

10. $2 \div 3 =$

어림한 몫 :

11. $7 \div 8 =$

어림한 몫 :

12. $0.9 \div 8 =$

어림한 몫 :

13. $2.3 \div 4 =$

어림한 몫 :

14. $4.1 \div 7 =$

어림한 몫 :

※ 풀이할 공간이 부족할 경우는 연습장을 이용하세요

49 몫을 어림하여 나타내기 (연습2)

이어서 나는 ☐☐☐ 을(를) 공부/연습할거야!

소리내
풀기

아래 나눗셈의 몫을 소수 3째 자리까지 구하고, 반올림하여 소수 2째자리까지 나타내세요.

01. 0.8 ÷ 3 = 0.266…

어림한 몫 :

02. 1.5 ÷ 0.7 = 2.142…

어림한 몫 :

03. 23 ÷ 3.06 = 7.516…

어림한 몫 :

04. 5.6 ÷ 1.62 = 3.456…

어림한 몫 :

05. 3 ÷ 0.9 = 3.333…

어림한 몫 :

06. 7.1 ÷ 4 = 1.775

어림한 몫 :

07. 0.12 ÷ 2.3 = 0.052…

어림한 몫 :

08. 8.12 ÷ 5.7 = 1.424…

어림한 몫 :

09. 8 ÷ 1.2 =

어림한 몫 :

10. 5.2 ÷ 7 =

어림한 몫 :

11. 3.2 ÷ 0.3 =

어림한 몫 :

12. 7 ÷ 0.12 =

어림한 몫 :

13. 0.37 ÷ 0.53 =

어림한 몫 :

14. 0.124 ÷ 0.9 =

어림한 몫 :

※ 풀이할 공간이 부족할 경우는 연습장을 이용하세요

50 소수의 나눗셈 (생각문제4)

 소리내 읽기

문제) 넓이가 1.8 cm² 이고, 가로의 길이가 1.5 cm인 직사각형의 세로의 길이는 몇 cm 인지 소수로 구하세요.

풀이) 넓이 = 1.8 cm²   가로 = 1.5 cm

사각형의 세로의 길이 = 넓이 ÷ 가로의 길이 이므로

식은 1.8 ÷ 1.5 이고, 값은 1.2 입니다.

식) 1.8 ÷ 1.5   답) 1.2 cm

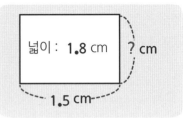

넓이 : 1.8 cm   ? cm

1.5 cm

 소리내 풀기

아래의 문제를 풀어보세요.

01. 넓이가 2.16 m²인 직사각형의 한편의 길이가 1.5 m일때, 다른 한 변을 소수로 구하세요.

(식 2점
답 1점)

풀이)

식) _____   답) _____ m

03. 넓이가 3.9 m²인 평행사변형의 밑면의 길이가 0.25 m 일때, 높이는 몇 m인지 분수로 구하세요.

(식 2점
답 1점)

풀이)

식) _____   답) _____ m

02. 넓이가 0.492 m²인 직사각형 모양의 벽지가 있습니다. 가로가 0.12 m라면, 세로는 몇 m인지 소수로 구하세요.

(식 2점
답 1점)

풀이)

식) _____   답) _____ m

04. 내가 문제를 만들어 풀어 봅니다. (사각형의 넓이, 소수의 나눗셈)

(문제 2점
식 2점
답 2점)

풀이)

식) _____   답) _____

확인 (틀린 문제의 수를 적고, 약한 부분을 보충하세요.)

회차	틀린문제수
46 회	문제
47 회	문제
48 회	문제
49 회	문제
50 회	문제

생각해보기

앞에서 배운 5회차 내용이 모두 이해 되었나요?

1. 모두 이해되고 자신있다. → 다음 회로 넘어 갑니다.

2. 2~3문제 틀릴 수는 있겠지만 거의 이해한다.
    → 개념부분을 한번 더 읽고 다음 회로 넘어 갑니다.

3. 잘 모르는 것 같다.
    → 개념부분과 틀린문제를 한번 더 보고 다음 회로 넘어 갑니다.

틀린 문제가 있었다면 왜 틀렸을거라고 생각합니까?

1. 개념 설명이 어려워서 잘 모르겠다.   2. 다 아는데 실수한 것 같다.

3. 빨리 끝내고 싶어서 집중할 수가 없다.   4. 하기 싫어서....

오답노트 (앞에서 틀린 문제나 기억하고 싶은 문제를 적습니다.)

회	번
문제	풀이

회	번
문제	풀이

회	번
문제	풀이

회	번
문제	풀이

회	번
문제	풀이

 **51 각기둥**

각기둥 : 위아래에 있는 면이 서로 평행하고 합동인 다각형으로 이루어진 입체도형

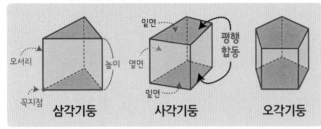

각기둥의 특징

① 위와 아래에 있는 면(밑면)이 서로 평행합니다.
② 위와 아래에 있는 면(밑면)이 서로 합동입니다.
③ 위와 아래에 있는 면(밑면)이 다각형입니다.
④ 각 기둥의 이름은 밑면의 모양에 따라 결정됩니다.
　밑면의 모양 : 삼각형 → 삼각기둥,　오각형 → 오각기둥

각기둥의 전개도 (모서리를 잘라 펼쳐 놓은 그림)

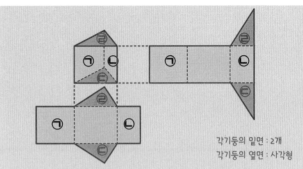

각기둥의 밑면 : 2개
각기둥의 옆면 : 사각형

① 어떤 모서리를 자르는 가에 따라 모양이 달라집니다.
② 잘리지 않은 모서리는 점선, 잘린 모서리는 실선으로 그립니다.
③ 두 밑면은 합동이 되도록 (모양과 크기가 같도록) 그립니다.
④ 한 밑면의 변의 수와 옆면의 수는 같습니다. (3각형 → 옆면 3개)
⑤ 전개도를 접었을 때 서로 맞닿는 선분의 길이를 같게 그립니다.
⑥ 전개도를 접었을때 서로 겹치는 면이 없게 그립니다.

 아래는 각기둥의 성질을 이야기 한 것입니다.
빈 칸에 알맞은 글을 적으세요. (다 푼후 2번 읽어 봅니다.)

01. 평면이나 곡면으로 둘러싸여 있는 도형을 입체도형이라고 합니다. 그 중, 위와 아래의 면이 서로 평행하고, 합동인 입체도형을 [　　] 이라고 하고, 밑면의 모양에 따라 삼각기둥, 사각기둥, 오각기둥,..... 이라고 합니다.

02. 각기둥의 구성요소 5가지는

[　　] : 서로 만나지 않는 두 면 (평행하고, 합동임)
[　　] : 밑면에 수직인 면 (사각형)
[　　] : 면과 면이 만나는 선
[　　] : 모서리와 모서리가 만나는 점
[　　] : 두 밑면 사이의 거리

입니다.

 아래는 각기둥의 전개도에 대해 이야기 한 것입니다.
빈 칸에 알맞은 글을 적으세요. (다 푼후 2번 읽어 봅니다.)

03. 어떤 도형의 모서리를 잘라 펼쳐 놓은 것을 [　　] 라 하고 잘리는 모서리는 [　] 선으로 표시하고, 잘리지 않는 모서리 [　] 선으로 표시합니다. 전개도는 어떻게 자르냐에 따라 모양이 [　　] 로 나올 수 있습니다.
실/점　　여러가지/한가지

04. 각기둥의 전개도를 그릴때 (아래와 밑에 있는) 밑면의 모양과 크기를 [　] 도록 그리고, 옆면은 맞닿는 면의 길이와 같은 길이로 [　　] 모양이 되도록 그립니다.
같/다르　삼각형/사각형
각기둥의 옆면의 높이는 각기둥의 높이와 [　] 으므로, 옆면의 모서리를 각기둥의 높이라고도 합니다.
같/다르

※ 원은 다각형이 아니기 때문에 원기둥은 각기둥이 아닙니다. 그냥 원기둥입니다.

각뿔 : 밑면이 다각형이고, 옆면이 삼각형인 입체도형

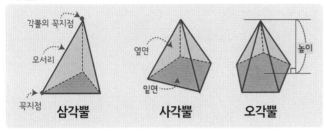

각뿔의 꼭지점
모서리
옆면
밑면
높이
꼭지점
삼각뿔   **사각뿔**   **오각뿔**

각기둥의 특징

① 아래에 있는 면(밑면)이 다각형입니다.
② 밑면과 연결된 옆면은 모두 삼각형입니다.
③ 옆면이 모두 만나는 점을 각뿔의 꼭지점이라고 합니다.
④ 각뿔의 이름은 밑면의 모양에 따라 결정됩니다.
　　밑면의 모양 : 삼각형 → 삼각뿔,　오각형 → 오각뿔

각뿔의 전개도 (모서리를 잘라 펼쳐 놓은 그림)

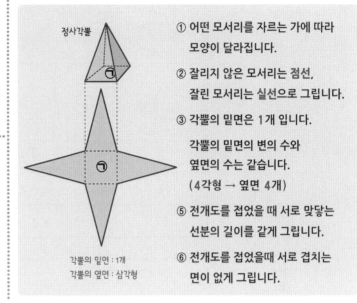

정사각뿔
ⓒ
ⓒ
각뿔의 밑면 : 1개
각뿔의 옆면 : 삼각형

① 어떤 모서리를 자르는 가에 따라 모양이 달라집니다.

② 잘리지 않은 모서리는 점선, 잘린 모서리는 실선으로 그립니다.

③ 각뿔의 밑면은 1개 입니다.
　각뿔의 밑면의 변의 수와 옆면의 수는 같습니다.
　(4각형 → 옆면 4개)

⑤ 전개도를 접었을 때 서로 맞닿는 선분의 길이를 같게 그립니다.

⑥ 전개도를 접었을때 서로 겹치는 면이 없게 그립니다.

아래는 각뿔의 성질을 이야기 한 것입니다.
빈 칸에 알맞은 글을 적으세요. (다 푼후 2번 읽어 봅니다.)

01. 입체도형 중 밑면이 1개인 다각형이고, 옆면이 삼각형인

입체도형을 [　　　　] 이라 하고, 밑면의 모양에 따라

삼각뿔, 사각뿔, 오각뿔,..... 이라고 합니다.

02. 각뿔의 구성요소 6가지는

[　　　] : 각뿔에서 밑에 있는 면 (다각형)

[　　　] : 옆으로 둘러싸인 면 (삼각형)

[　　　] : 면과 면이 만나는 선

[　　　] : 모서리와 모서리가 만나는 점

[　　　] : 옆면을 이루는 모든 삼각형의 공통적인 꼭지점

[　　　] : 각뿔의 꼭지점에서 밑면에 수직인 선분의 길이

입니다.

아래는 각뿔의 전개도에 대해 이야기 한 것입니다.
빈 칸에 알맞은 글을 적으세요. (다 푼후 2번 읽어 봅니다.)

03. 입체도형의 모서리를 잘라 펼쳐 놓은 것을 [　　　　] 라 하고,

잘리는 모서리는 [　] 선, 잘리지 않는 모서리는 [　] 선으로
　　　　　　　　실 / 점　　　　　　　　　　실 / 점

표시합니다. 전개도는 어떻게 자르냐에 따라 [　　　　] 모양
　　　　　　　　　　　　　　　　　　　　여러가지 / 한가지

으로 나올 수 있지만, 겹치는 면이 없어야 합니다.

04. 각뿔의 모서리를 잘라서 펼쳐 놓은 그림을 [각뿔의　　　] 라

하고, 전개도를 그릴때 밑면을 크기에 맞게 그리고,

옆면은 맞닿는 면의 길이와 같은 [　　　　] 모양이 되도록
　　　　　　　　　　　　　　　　삼각형 / 사각형

그립니다. 각뿔의 옆면의 높이는 각뿔의 높이와 [　　　] 니다.
　　　　　　　　　　　　　　　　　　　　　　　　같습 / 다릅

각뿔의 전개도는 밑면이 [　] 개이고, 옆면은 밑면의 면의 수와

같습니다.

※ 원은 다각형이 아니기 때문에 원뿔은 각뿔이 아닙니다. 그냥 원뿔입니다.

 각기둥의 구성요소의 개수

밑면의 모양	삼각형	사각형	오각형	★각형
각기둥의 이름	삼각기둥	사각기둥	오각기둥	★각기둥
면의 수	5	6	7	★ + 2
꼭지점의 수	6	8	10	★ × 2
모서리의 수	9	12	15	★ × 3

※ 각기둥들의 면, 꼭지점, 모서리의 수를 직접 찾아 헤아려 보고,
왜? 식이 그렇게 만들어 지는지 생각해 봅니다.

각뿔의 구성요소의 개수

밑면의 모양	삼각형	사각형	오각형	★각형
각뿔의 이름	삼각뿔	사각뿔	오각뿔	★각뿔
면의 수	4	5	6	★ + 1
꼭지점의 수	4	5	6	★ + 1
모서리의 수	6	8	10	★ × 2

※ 각뿔들의 면, 꼭지점, 모서리의 수를 직접 찾아 헤아려 보고,
왜? 식이 그렇게 만들어지는 곰곰히 생각해 봅니다.

 위의 표를 보지말고, 각기둥의 구성요소에 대한 표를 완성해 보세요.

01.

밑면의 모양	삼각형	사각형	오각형	★각형
각기둥의 이름				
면의 수				
꼭지점의 수				
모서리의 수				

 위의 표를 보지말고, 각뿔의 구성요소에 대한 표를 완성해 보세요.

04.

밑면의 모양	삼각형	사각형	오각형	★각형
각뿔의 이름				
면의 수				
꼭지점의 수				
모서리의 수				

02. 밑면의 모양이 8각형인 각기둥의 이름은 [   ] 입니다.
이 각기둥의 면의 수는 [   ] 개, 꼭지점의 수는 [   ] 개,
모서리의 수는 [   ] 개 입니다.

05. 밑면의 모양이 8각형인 각뿔의 이름은 [   ] 입니다.
이 각뿔의 면의 수는 [   ] 개, 꼭지점의 수는 [   ] 개,
모서리의 수는 [   ] 개 입니다.

03. 밑면의 모양이 10각형인 각기둥의 이름은 [   ] 입니다.
이 각기둥의 면의 수는 [   ] 개, 꼭지점의 수는 [   ] 개,
모서리의 수는 [   ] 개 입니다.

06. 밑면의 모양이 10각형인 각뿔의 이름은 [   ] 입니다.
이 각뿔의 면의 수는 [   ] 개, 꼭지점의 수는 [   ] 개,
모서리의 수는 [   ] 개 입니다.

※ 각기둥과 각뿔의 성질과 모양을 잘 이해한다면 쉽게 면, 꼭지점, 모서리의 수를 외울(이해할) 수 있습니다.

54 각기둥과 각뿔 (2)

각기둥의 구성요소의 개수

각기둥의 이름	삼각기둥	사각기둥	오각기둥	★각기둥
모양				밑면과 윗면이 ★각형이고, 합동이고 평행인 기둥
면의 수	5	6	7	★ + 2
꼭지점의 수	6	8	10	★ × 2
모서리의 수	9	12	15	★ × 3
면+꼭지점+모서리의 수	20	12	15	★+2 +★×2 +★×3

※ (★+2) + (★×2) + (★×3) = (★+2) + (★×5) 가 됩니다.

각뿔의 구성요소의 개수

각뿔의 이름	삼각뿔	사각뿔	오각뿔	★각뿔
모양				밑면이 ★각형 옆면이 모두 삼각형인 뿔
면의 수	4	5	6	★ + 1
꼭지점의 수	4	5	6	★ + 1
모서리의 수	6	8	10	★ × 2
면+꼭지점+모서리의 수	14	18	22	★+1 +★+1 +★×2

※ (★+1) + (★+1) + (★×2) = (★+2) + (★×2) 가 됩니다.

 아래는 각기둥의 구성요소에 대한 문제입니다.
잘 생각해서 풀어보세요.

01.

각기둥의 이름	삼각기둥	사각기둥	오각기둥	★각기둥
면의 수				
꼭지점의 수				
모서리의 수				
면의 수 + 모서리의 수				

02. 삼각기둥의 꼭지점과 모서리의 수의 합은 [　] 개 입니다.

오각기둥의 면과 꼭지점의 수의 합은 [　] 개 입니다.

03. 꼭지점의 수와 모서리의 수가 45개인 각기둥을 구하려면,

한 밑면의 변의 수를 ★이라 고할때, (★ × 2) + (★ × 3) =
　　　　　　　　　　　　　　　　 꼭지점의 수　　모서리의 수

★ × 5 = 45 이므로, ★ = [　] 입니다.

그러므로, 구하는 각기둥의 이름은 [　　　] 입니다.

※ 식을 외우지 못하거나, 외우기 싫으면, 도형을 그려서 식을 만드는 연습을 합니다.

 아래는 각뿔의 구성요소에 대한 문제입니다.
잘 생각해서 풀어보세요.

04.

각뿔의 이름	삼각뿔	사각뿔	오각뿔	★각뿔
면의 수				
꼭지점의 수				
모서리의 수				
꼭지점의 수 + 모서리의 수				

05. 사각뿔의 꼭지점과 모서리의 수의 합은 [　] 개 입니다.

육각뿔의 면과 꼭지점의 수의 합은 [　] 개 입니다.

06. 면의 수와 꼭지점의 수가 10개인 각뿔을 구하려면,

밑면의 변의 수를 ★이라 고할때, (★ + 1) + (★ + 1) =
　　　　　　　　　　　　　　　　 면의 수　　　꼭지점의 수

2★ + 2 = 10 이므로, ★ = [　] 입니다.

그러므로, 구하는 각뿔의 이름은 [　　　] 입니다.

※ ★의 자리에 3부터 4, 5, 6...씩 넣어보아도
★=4가 되는 것을 알 수 있습니다.

55 각기둥과 각뿔 (연습)

 아래 입체도형은 모든 변의 길이가 같다고 합니다. 전개도를 밑면을 가운데 두고, 적당한 크기로 그려보세요.

01.

정삼각기둥

04.

정삼각뿔

02.

정사각기둥

05.

정사각뿔

03.

정오각기둥

06.

정오각뿔

※전개도는 여러가지 모양이 나올 수 있습니다. 밑면의 수와 몇면의 수를 잘 생각해서 겹치지 않게 그리세요.

위의 문제는 밑면을 가운데 두기 때문에 정답지와 모양이 같아야 합니다.

회차	틀린문제수
51 회	문제
52 회	문제
53 회	문제
54 회	문제
55 회	문제

생각해보기

앞에서 배운 5회차 내용이 모두 이해 되었나요?

1. 모두 이해되고 자신있다. → 다음 회로 넘어 갑니다.

2. 2~3문제 틀릴 수는 있겠지만 거의 이해한다.
   → 개념부분을 한번 더 읽고 다음 회로 넘어 갑니다.

3. 잘 모르는 것 같다.
   → 개념부분과 틀린문제를 한번 더 보고 다음 회로 넘어 갑니다.

틀린 문제가 있었다면 왜 틀렸을거라고 생각합니까?

1. 개념 설명이 어려워서 잘 모르겠다.   2. 다 아는데 실수한 것 같다.

3. 빨리 끝내고 싶어서 집중할 수가 없다.   4. 하기 싫어서....

오답노트 (앞에서 틀린 문제나 기억하고 싶은 문제를 적습니다.)

회	번
문제	풀이

회	번
문제	풀이

회	번
문제	풀이

회	번
문제	풀이

회	번
문제	풀이

56 넓이의 단위 m², a

소리내 읽기

1m² (1제곱미터) : 한 변이 1m인 정사각형의 넓이

1m × 1m = 1m²

$1m^2$

※ 1m 보다 더 작은 단위는 cm 센티미터, mm 밀리미터 가 있습니다.
  1m = 100 cm 이고, 1cm = 10mm입니다.
※ cm × cm = cm²이 되고, mm × mm = mm² 이 됩니다.

1a (1아르) : 한 변이 10m인 정사각형의 넓이

10m × 10m = 100m² = 1a

$1a = 100m^2$

※ 1a는 1m²에 비해 가로가 10배, 세로가 10배 더 크므로
  1a는 1m² 보다 100배 큽니다.
※ 한변이 10m인 사각형이 아니더라도 넓이가 100m²은 1a 입니다.

 소리내 풀기

아래는 넓이의 단위인 m²를 설명한 것입니다.
빈칸에 알맞은 말을 적으세요. (다 적은 후 2번 더 읽어보세요.)

01. 1제곱미터를 바르게 3번 써 보세요.

$1m^2$

02. 1m²은 한변이 ☐ m 인 정사각형을 나타내는 기호
이고, ☐ 라고 읽습니다.

03. 아래 사각형의 넓이를 단위에 주의하여 구하세요.

① 1m × 1m   넓이 : _____

② 2m × 0.5m   넓이 : _____

③ 1.5m × 1.5m   넓이 : _____

④ 100 cm × 100 cm   넓이 : _____ cm²
  = _____ m²

소리내 풀기

아래는 넓이의 단위인 a를 설명한 것입니다.
빈칸에 알맞은 말을 적으세요. (다 적은 후 2번 더 읽어보세요.)

04. 1아르를 바르게 3번 써 보세요.

$1a$

05. 200m²는 2 ☐ 이고,
  3a 는 ☐ m²입니다.

06. 400 m² = ☐ a
  50 a = ☐ m²

07. 600 a = ☐ m²
  700 m² = ☐ a
  0.8 a = ☐ m²

08. 아래 사각형의 넓이를 구하세요.

10m × 10m   20m × 5m   15m × 15m

☐ a   ☐ a   ☐ a

이어서 나는 ☐ 을(를) 공부/연습할거야!!

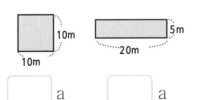 

57 넓이의 단위 ha, km²

1ha (1헥타르) : 한 변이 100m인 정사각형의 넓이

100m × 100m = 10000m² = 100a = 1ha

$$1ha = 10000m^2$$

※ 1ha는 1m²에 비해 가로가 100배, 세로가 100배 더 크므로
  1ha는 1m² 보다 10000배 큽니다. (1ha = 100a = 10000 m²)
※ 한변이 100m인 사각형이 아니더라도 넓이가 10000m²은 1ha 입니다.

1km² (1제곱킬로미터)
한 변이 1000m인 정사각형의 넓이

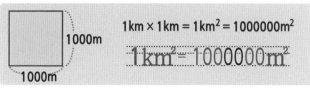

1km × 1km = 1km² = 1000000m²

$$1km^2 = 1000000m^2$$

※ 1000m 는 1km이므로 1000m × 1000m = 1km × 1km = 1km 이 됩니다.
※ m × m = m², cm × cm = cm², mm × mm = mm² 가 됩니다.

아래는 넓이의 단위인 ha를 설명한 것입니다.
빈칸에 알맞은 말을 적으세요. (다 적은 후 2번 더 읽어보세요.)

아래는 넓이의 단위인 km²를 설명한 것입니다.
빈칸에 알맞은 말을 적으세요. (다 적은 후 2번 더 읽어보세요.)

01. **1헥타르**를 바르게 **5**번 써 보세요.

$$1ha$$

06. **1제곱킬로미터**를 바르게 **3**번 써 보세요.

$$1km^2$$

02. 20000 m²는 2 [   ] 이고,

   3 ha는 [   ] m²입니다.

07. 2000000 m²는 2 [   ] 이고,

   3 km²는 [   ] m²입니다.

03. 40000 m² = [   ] ha

   5 ha = [   ] m²

08. 400000 m² = [   ] km²

   15 km² = [   ] m²

04. 60 ha = [   ] m²

   70000 m² = [   ] ha

   0.8 ha = [   ] m²

09. 6 km² = [   ] m²

   700000 m² = [   ] km²

   0.8 km² = [   ] m²

05. 아래 사각형의 넓이를 구하세요.

100m / 100m

200m / 50m

200m / 200m

[   ] ha   [   ] ha   [   ] ha

10. 아래 사각형의 넓이를 구하세요.

1000m / 1000m

1km / 1km

2000m / 2km

[   ] km²   [   ] km²   [   ] km²

 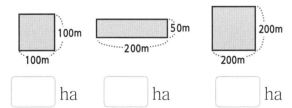

소리내 읽기

| ×100배 | ×100배 | ×100배 |

1m × 1m = 1m²	10m × 10m = 100m²	100m × 100m = 10000m²	1000m × 1000m = 1000000m²
1 m² 제곱미터	**1 a** 아르	**1 ha** 헥타르	**1 km²** 제곱 1km × 1km 킬로미터

1000000m² = 10000a = 100ha = 1km²
0이 6개   0이 4개   0이 2개

mahk 마아하크 (마크)

소리내 풀기 아래는 넓이의 단위를 설명한 것입니다. 빈칸에 알맞은 말이나 수를 적으세요. (다 적은 후 2번 더 읽어보세요.)

01. 1m²의 100배인 1a는 [   ] 라 읽고

1a 의 100배인 1ha은 [   ] 라 읽고,

1ha의 100배인 1km²는 [   ] 라 읽습니다.

02. 한 변이 1m인 정사각형의 넓이는 1[   ] 이고,

한 변이 10m인 정사각형의 넓이는 1[   ] 이고,

한 변이 100m인 정사각형의 넓이는 1[   ] 이고,

한 변이 1000m인 정사각형의 넓이를 1[   ] 입니다.

03. 1m²의 100배 큰 넓이는 [   ] 이고,

1ha의 100배 큰 넓이는 [   ] 이고,

1a 의 100배 큰 넓이는 [   ] 입니다.

04. 1m² × 100m² = 1[   ]

1m² × 10000m² = 1[   ]

1m² × 1000000m² = 1[   ]

05. 8 km² = [   ] ha

= [   ] a

= [   ] m²

06. 5000000 m² = [   ] a

= [   ] ha

= [   ] km²

07. 30 ha = [   ] a

= [   ] m²

= [   ] km²

1 ha = 100 a
= 10000 m²
= 0.01 km²

10 ha = 1000 a
= 100000
= 0.1 km²

※ 눈으로 풀지 말고 마아하크(마크)를 먼저 적어놓고 문제를 풀어 봅니다.
mahk → 1000000m² 10000a 100ha 1km²

08. 900 a = [   ] m²

= [   ] ha

= [   ] km²   100 a = 0.01 km²

09. 0.6 km² = [   ] m²

이어서 나는 [   ] 을(를) 공부/연습할거야!!

59 육면체의 겉넓이

직육면체의 겉넓이

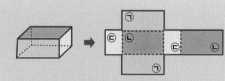

직육면체의 겉넓이 = 각 면의 넓의 합
= 합동인 세면의 넓이의 합×2

직육면체의 겉넓이 = ㉠+㉠+㉡+㉡+㉢+㉢
= ㉠×2+㉡×2+㉢×2
= (㉠+㉡+㉢)×2

직육면체는 서로 마주보고 있는 면은 합동이므로
서로 다른 세면의 넓이를 합한 것에 2배 입니다.

정육면체의 겉넓이

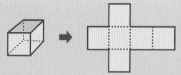

정육면체의 겉넓이 = 각 면의 넓이의 합
= 한 면의 넓이×6

정육면체의 겉넓이 = ㉠+㉠+㉠+㉠+㉠+㉠
= ㉠×6

정육면체는 모든면이 합동이므로
정육면체의 넓이는 한면의 넓이를 6배 한것과 같습니다.

 아래 육면체의 전개도를 그리고,
겉넓이를 구하세요.

01.
3 cm
2 cm
1 cm

직육면체의
겉넓이 : _____ cm²

1 cm

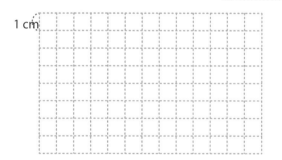

02.
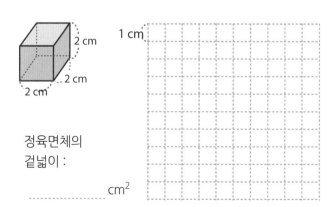
2 cm
2 cm
2 cm

1 cm

정육면체의
겉넓이 :

_____ cm²

 아래 육면체의 겉넓이를 구하세요.

03.
2 cm
6cm
4cm

직육면체의
겉넓이 : _____ cm²

04.
14 cm
12 cm
5 cm

직육면체의
겉넓이 : _____ cm²

05.
19 cm
17 cm
6 cm

직육면체의
겉넓이 : _____ cm²

06.
7 cm
7 cm
7 cm

정육면체의
겉넓이 : _____ cm²

아래 육면체의 전개도를 그리고,
겉넓이를 구하세요.

01.

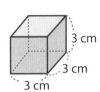

3 cm
3 cm
3 cm

겉넓이 : _____ cm²

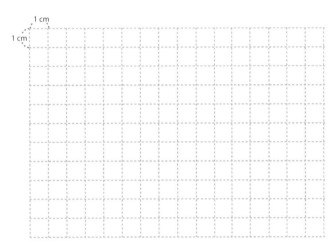

1 cm
1 cm

02.

3 cm
4cm
2cm

겉넓이 : _____ cm²

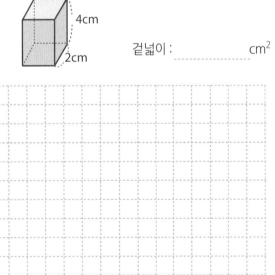

1 cm
1 cm

칸이 모자라면 더 연장해서 그려도 됩니다.

아래에 있는 직육면체와 정육면체의 겉넓이를
구하세요

03.

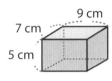

9 cm
7 cm
5 cm

겉넓이 : _____ cm²

04.

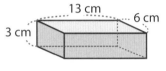

13 cm
6 cm
3 cm

겉넓이 : _____ cm²

05.

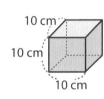

10 cm
10 cm
10 cm

겉넓이 : _____ cm²

06.

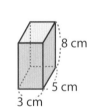

8 cm
5 cm
3 cm

겉넓이 : _____ cm²

07.

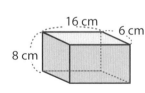

16 cm
6 cm
8 cm

겉넓이 : _____ cm²

회차	틀린문제수
56 회	문제
57 회	문제
58 회	문제
59 회	문제
60 회	문제

생각해보기

앞에서 배운 5회차 내용이 모두 이해 되었나요?

1. 모두 이해되고 자신있다. → 다음 회로 넘어 갑니다.

2. 2~3문제 틀릴 수는 있겠지만 거의 이해한다.
   → 개념부분을 한번 더 읽고 다음 회로 넘어 갑니다.

3. 잘 모르는 것 같다.
   → 개념부분과 틀린문제를 한번 더 보고 다음 회로 넘어 갑니다.

틀린 문제가 있었다면 왜 틀렸을거라고 생각합니까?

1. 개념 설명이 어려워서 잘 모르겠다.   2. 다 아는데 실수한 것 같다.

3. 빨리 끝내고 싶어서 집중할 수가 없다.   4. 하기 싫어서....

오답노트 (앞에서 틀린 문제나 기억하고 싶은 문제를 적습니다.)

회	번
문제	풀이

회	번
문제	풀이

회	번
문제	풀이

회	번
문제	풀이

회	번
문제	풀이

61 부피의 단위 cm³, m³

Mon 월 일
🕐 분 초
10 문제 중 문제 맞

1 cm³ (1 세제곱센티미터)
: 한 변이 1cm인 정육면체의 부피

$$1cm \times 1cm \times 1cm = 1cm^3$$

$$1cm^3$$

※ 1cm 보다 더 작은 단위는 mm 밀리미터 가 있습니다.
한변이 1mm인 정육면체는 1mm³ 이고, 1 세제곱밀리미터라 합니다.
※ cm × cm × cm = cm³ 이 되고, mm × mm × mm = mm³ 이 됩니다.

1 m³ (1 세제곱미터)
: 한 변이 1m인 정육면체의 부피

$$1m \times 1m \times 1m = 1m^3$$

$$1m^3$$

한변이 1m인 정육면체의 넓이 = 1 m × 1 m × 1 m = 1 m³	=	한변이 100cm인 정육면체의 넓이 = 100 cm × 100 cm × 100 cm = 1000000 cm³

아래는 부피의 단위인 cm³와 m³를 설명한 것입니다. 빈칸에 알맞은 말을 적으세요. (다 적은 후 2번 더 읽어보세요.)

01. 1세제곱센티미터를 바르게 3번 써 보세요.

$$1cm^3$$

02. 1cm³은 한변이 ☐ cm 인 정사각형을 나타내는 기호
이고, ☐ 라고 읽습니다.

03. 1세제곱미터를 바르게 3번 써 보세요.

$$1m^3$$

04. 1m³은 한변이 ☐ m 인 정사각형을 나타내는 기호
이고, ☐ 라고 읽습니다.

05. 1m = 100 cm 이므로
1m² = 100 cm × 100 cm 이고,
= ☐ cm² 입니다.

06. 1m = 100 cm 이므로
1m³ = 100 cm × 100 cm × 100 cm이고,
= ☐ cm³ 입니다.

07. 2 cm × 3 cm = 6 ☐ 넓이의 단위
2 cm × 3 cm × 2 cm = 12 ☐ 부피의 단위

08. 5 m × 4 m = 20 ☐ 넓이의 단위
5 m × 4 m × 1 m = 20 ☐ 부피의 단위

09. 2 m³ = ☐ cm³
0.3 m³ = ☐ cm³
0.05 m³ = ☐ cm³

10. 3000000 cm³ = ☐ m³
500000 cm³ = ☐ m³
70000 cm³ = ☐ m³

이어서 나는 ☐ 을(를) 공부/연습할거야!!

62 육면체의 부피

직육면체의 부피 = 가로 × 세로 × 높이

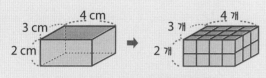

직육면체의 부피 = 가로 × 세로 × 높이
= 4 × 3 × 2 = 24 (cm³)

쌓기나무의 수 = 가로 × 세로 × 높이
= 4 × 3 × 2 = 24 (개)

육면체의 부피는 한면이 1 cm 인 쌓기나무가 몇 개
있는지 구하는 것과 같습니다.

정육면체의 부피

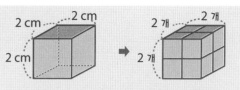

정육면체의 부피 = 가로 × 세로 × 높이
= 2 × 2 × 2 = 8 (cm³)

쌓기나무의 수 = 가로 × 세로 × 높이
= 2 × 2 × 2 = 8 (개)

한 모서리의 길이를 cm로 재면, 부피도 cm³로 표시하고,
한 모서리의 길이를 m로 재면, 부피도 m³으로 표시합니다.

 아래 육면체를 한 모서리가 1 cm인 쌓기나무를 쌓은
것으로 바꿔 그리고, 그 부피와 개수를 구하세요.

01.

부피 : _____ cm³

쌓기나무의 수 :
_____ 개

쌓기나무가 쌓인 것 같이
줄을 그어 표시해 보세요.

02.

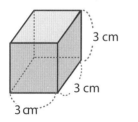

부피 : _____ cm³

쌓기나무의 수 : _____ 개

 아래 육면체의 부피를 구하세요.

03.

부피 : _____ cm³

04.

부피 : _____ cm³

05.

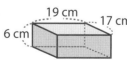

부피 : _____ cm³

06.

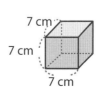

부피 : _____ cm³

※ 쌓기나무의 갯수는 가로 × 세로 = 한개층의 개수 가 되고,
그 수에 높이의 개수를 곱하면 전체 개수가 되므로 가로 × 세로 × 높이가 되는 것입니다.

63 육면체의 부피 (연습)

소리내 풀기 아래 육면체를 한 모서리가 1 cm인 쌓기나무를 쌓은 것으로 바꿔 그리고, 그 부피와 개수를 구하세요.

소리내 풀기 아래에 있는 직육면체와 정육면체의 부피를 구하세요

01.

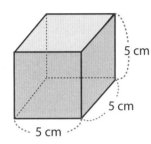

5 cm
5 cm
5 cm

부피 : _____ cm³

쌓기나무의 수 : _____ 개

03.

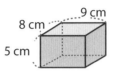

8 cm
9 cm
5 cm

부피 : _____ cm³

04.

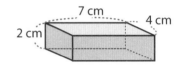

7 cm
4 cm
2 cm

부피 : _____ cm³

05.

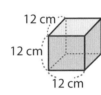

12 cm
12 cm
12 cm

부피 : _____ cm³

02.

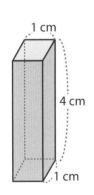

1 cm
4 cm
1 cm

부피 : _____ cm³

쌓기나무의 수 : _____ 개

06.

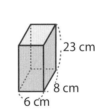

23 cm
8 cm
6 cm

부피 : _____ cm³

07.

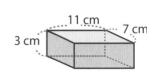

11 cm
7 cm
3 cm

부피 : _____ cm³

이어서 나는 ___ 을(를) 공부/연습할거야!!

소리내
풀기
아래 육면체의 전개도를 그리고,
겉넓이와 부피를 구하세요.

01.

4 cm
4 cm
4 cm

겉넓이 : _____ cm²

부피 : _____ cm³

1 cm
1 cm

02.

2 cm
3cm
2 cm

겉넓이 : _____ cm²

부피 : _____ cm³

1 cm
1 cm

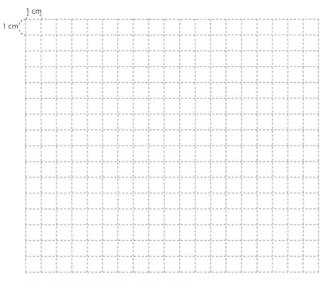

칸이 모자라면 더 연장해서 그려도 됩니다.

소리내
풀기
아래에 있는 직육면체와 정육면체의 겉넓이를
구하세요

03.

8 cm
8 cm
8 cm

겉넓이 : _____ cm²

부피 : _____ cm³

04.

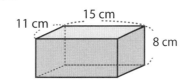

11 cm
15 cm
8 cm

겉넓이 : _____ cm²

부피 : _____ cm³

05.

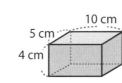

10 cm
5 cm
4 cm

겉넓이 : _____ cm²

부피 : _____ cm³

06.

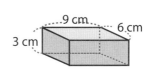

9 cm
6 cm
3 cm

겉넓이 : _____ cm²

부피 : _____ cm³

07.

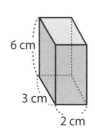

6 cm
3 cm
2 cm

겉넓이 : _____ cm²

부피 : _____ cm³

🍎 소리내 풀기 아래 직육면체와 정육면체의 겉넓이와 부피를 구하세요.

01.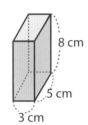
8 cm
5 cm
3 cm

겉넓이 : _____ cm²

부피 : _____ cm³

05.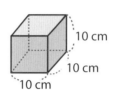
10 cm
10 cm
10 cm

겉넓이 : _____ cm²

부피 : _____ cm³

02.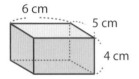
6 cm
5 cm
4 cm

겉넓이 : _____ cm²

부피 : _____ cm³

06.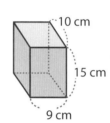
10 cm
15 cm
9 cm

겉넓이 : _____ cm²

부피 : _____ cm³

03.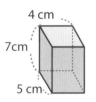
4 cm
7 cm
5 cm

겉넓이 : _____ cm²

부피 : _____ cm³

07.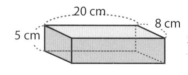
20 cm
8 cm
5 cm

겉넓이 : _____ cm²

부피 : _____ cm³

04.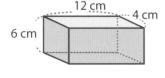
12 cm
4 cm
6 cm

겉넓이 : _____ cm²

부피 : _____ cm³

08.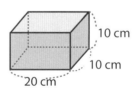
10 cm
10 cm
20 cm

겉넓이 : _____ cm

부피 : _____ cm

칸이 모자라면 더 연장해서 그려도 됩니다.

확인 (틀린 문제의 수를 적고, 약한 부분을 보충하세요.)

회차	틀린문제수
61 회	문제
62 회	문제
63 회	문제
64 회	문제
65 회	문제

생각해보기

앞에서 배운 5회차 내용이 모두 이해 되었나요?

1. 모두 이해되고 자신있다. → 다음 회로 넘어 갑니다.

2. 2~3문제 틀릴 수는 있겠지만 거의 이해한다.
   → 개념부분을 한번 더 읽고 다음 회로 넘어 갑니다.

3. 잘 모르는 것 같다.
   → 개념부분과 틀린문제를 한번 더 보고 다음 회로 넘어 갑니다.

틀린 문제가 있었다면 왜 틀렸을거라고 생각합니까?

1. 개념 설명이 어려워서 잘 모르겠다.   2. 다 아는데 실수한 것 같다.

3. 빨리 끝내고 싶어서 집중할 수가 없다.   4. 하기 싫어서....

오답노트 (앞에서 틀린 문제나 기억하고 싶은 문제를 적습니다.)

회	번
문제	풀이

회	번
문제	풀이

회	번
문제	풀이

회	번
문제	풀이

회	번
문제	풀이

66 비

연필 10개, 지우개 8개 있는 것을 비교 하기

뺄셈으로 비교하기

연필 수에서 지우개 수를 빼면
10 - 8 = 2 (개)이므로
연필은 지우개보다 2개 더 많습니다.

※ 뺄셈으로 비교는 더 많음을 알 수 있습니다.

나눗셈으로 비교하기

연필 수에서 지우개 수를 나누면
10 ÷ 8 = 1.25 이므로
연필은 지우개의 1.25배 입니다.

※ 나눗셈으로 비교는 몇 배인지 알 수 있습니다.

비 : 두 수를 비교 하기 위하여 기호 " : "을 사용하여 나타낸 것

연필 5 개, 지우개 4개의 비	지우개 4 개, 연필 5개의 비
쓰기 → 5 : 4	쓰기 → 4 : 5
읽기 → 5 대 4	읽기 → 5 대 4

※ 두 수를 나눗셈으로 비교할 때 기호 : 을 사용합니다.
●와 ■의 비 → ● : ■

5 : 4
읽는 방법
- 5 대 4
- 5 와 4 의 비
- 4 에 대한 5 의 비
- 5 의 4 에 대한 비

기호 : 의 뒤쪽에 있는 ■는 비의 기준이 되고 '■에 대한' 으로 읽습니다.

 아래는 우리학교 6학년 남/여 학생 수입니다.
남/여의 수를 비교하여 보세요.

반	1반	2반	3반
남 학생수	10	15	12
여 학생수	8	10	16

01. 두 수를 비교하는 방법 중

뺄셈으로 비교하면, 더 많음을 알 수 있고,

[   ] 으로 비교하면, 몇 배인지 알 수 있습니다.

02. 뺄셈으로 학생수를 비교하면,

1반은 남 학생이 여 학생 보다 [   ] 명 많습니다.

2반은 남 학생이 여 학생 보다 [   ] 명 많습니다.

3반은 여 학생이 남 학생 보다 [   ] 명 많습니다.

03. 나눗셈으로 학생수를 비교하면,

1반은 남 학생 수는 여 학생 수의 [   ] 배 입니다.

2반은 남 학생 수는 여 학생 수의 [   ] 배 입니다.

3반은 남 학생 수는 여 학생 수의 [   ] 배 입니다.

 아래는 "비" 에 대한 내용입니다.
위의 그림을 비로 나타내고, 읽는 방법을 적으세요.

04. 두 수 ●와 ■이 있을때,

●는 ■의 몇 배인지 알아보는 관계를 두 수의 [   ] 라 합니다.

05. 🍬🍬🍬 🍩🍩🍩🍩

사탕의 수와 **빵**의 수의 **비** → [   ] : [   ]

빵의 수와 **사탕**의 수의 **비** → [   ] : [   ]

06. 7 : 3 는
- [   ] 대 [   ]
- [   ] 에 대한 [   ] 의 비
- [   ] 의 [   ] 에 대한 비
- [   ] 와 [   ] 의 비 라고 읽습니다.

07. 사과 4개 , 귤 1 개가 있을때, 귤에 대한 사과의 비는

[   ] : [   ] 이라 쓰고,
- [   ] 대 [   ]
- [   ] 에 대한 [   ] 의 비
- [   ] 의 [   ] 에 대한 비
- [   ] 와 [   ] 의 비로 읽습니다

67 비 (연습)

소리내 풀기 아래 표를 보고 알맞은 비를 구하세요.

반	1반	2반
남 학생수	11	14
여 학생수	12	13

01. 1반 남학생 수 : 1반 여학생 수 = ⬜ : ⬜

1반 여학생 수에 대한 1반 남학생 수의 비 = ⬜ : ⬜

1반 남학생 수의 1반 여학생 수에 대한 비 = ⬜ : ⬜

1반 남학생 수와 1반 여학생 수의 비 = ⬜ : ⬜

02. 2반 여학생 수 : 2반 남학생 수 = ⬜ : ⬜

2반 남학생 수에 대한 2반 여학생 수의 비 = ⬜ : ⬜

2반 여학생 수의 2반 남학생 수에 대한 비 = ⬜ : ⬜

2반 여학생 수와 2반 남학생 수의 비 = ⬜ : ⬜

03. 1반 남학생 수 : 2반 남학생 수 = ⬜ : ⬜

1반 남학생 수에 대한 2반 남학생 수의 비 = ⬜ : ⬜

1반 남학생 수의 2반 남학생 수에 대한 비 = ⬜ : ⬜

1반 남학생 수와 2반 남학생 수의 비 = ⬜ : ⬜

04. 2반 여학생 수 : 1반 여학생 수 = ⬜ : ⬜

2반 여학생 수에 대한 1반 여학생 수의 비 = ⬜ : ⬜

2반 여학생 수의 1반 여학생 수에 대한 비 = ⬜ : ⬜

2반 여학생 수와 1반 여학생 수의 비 = ⬜ : ⬜

※ 기호 : 의 뒤쪽에 있는 ■는 '■에 대한'으로 읽습니다.

　'■에 대한'은 비의 뒤쪽에 적습니다.

소리내 풀기 문제에 대한 비를 적고,

그 비를 읽는 방법 **4**가지를 모두 적으세요.

05.

빵에 대한 사탕의 비는

⬜ : ⬜ 이라 쓰고, ─ ⬜ 대 ⬜

⬜ 에 대한 ⬜ 의 비

⬜ 의 ⬜ 에 대한 비

⬜ 와 ⬜ 의 비로 읽습니다.

06. 연필 **4**개 , 지우개 **9**개가 있을때, 지우개에 대한 연필의 비는

⬜ : ⬜ 라 쓰고, ─ ⬜ 대 ⬜

⬜ 에 대한 ⬜ 의 비

⬜ 의 ⬜ 에 대한 비

⬜ 와 ⬜ 의 비로 읽습니다.

07. **8 : 11**은,

_____

_____

_____

_____ 로 읽습니다.

08. **17 : 5**는,

_____

_____

_____

_____ 로 읽습니다.

※ 4가지 읽는 방법을 적을때 순서는 상관이 없지만,

가능한 교재에 적힌 순서대로 익히도록 합니다.

68 비율

 소리내 읽기

비율 : 기준량에 대한 비교하는 양의 크기

$$비율 (기준량에 대한 비교하는 양의 크기) = \frac{비교하는\ 양}{기준량}$$

빵에 대한 사탕 수의 비 = 2 : 5

비교하는 양 ↓   기준량 ↓

● : ■의 비에서 뒤에 있는 ■를 기준량 이라고 하고, ●를 비교하는 양이라 합니다.

$$빵에 대한 사탕 수의 비율 = \frac{사탕\ (비교하는양)}{빵\ (기준량)} = \frac{2}{5}$$

비의 값 : 기준량을 1로 할때의 비율 (비율과 거의 같은 뜻입니다.)

빵 5개에 대한 사탕의 비 = 2 : 5

빵 1개에 대한 사탕의 비 = (2 ÷ 5) : (5 ÷ 5)

$$= \frac{2}{5} : 1$$

$$빵에 대한 사탕 수의 비의 값 = \frac{2}{5} = 0.4$$
분수   소수

 소리내 풀기

비를 보고 기준량을 적으세요.

01. 2 : 4 → 기준량 :

02. 7 : 9 → 기준량 :

03. 껌의 수에 대한 초코릿의 수의 비
→ 기준량 :

04. 수학 점수와 영어 점수의 비
→ 기준량 :

05. (잠자리의 수) : (나비의 수)
→ 기준량 :

06. 남자 수의 여자 수에 대한 비
→ 기준량 :

07. 참석한 사람 수에 대한 참석하지 않은 사람 수의 비
→ 기준량 :

 소리내 풀기

아래는 "비"에 대한 내용입니다.
위의 그림을 비로 나타내고, 읽는 방법을 적으세요.

비	기준량	비교하는 양	비의 값 (비율) 분수	비의 값 (비율) 소수
08. 1 : 2				
09. 2 : 1				
10. 4 : 5				
11. 5 : 4				

비	기준량	비교하는 양	비의 값 (비율) 분수	비의 값 (비율) 소수
12. 6 대 15				
13. 15 대 6				
14. 100 대 20				
15. 20 대 100				

※ 비율(비의 값)을 분수로 구할때, 분수가 약분이 가능하면 꼭 분수 부분을 약분하여 기약분수로 적어야 합니다.

소리내 풀기 비를 보고 기준량을 적으세요.

01. 5 : 6   → 기준량 : _____

02. 12 : 9   → 기준량 : _____

03. 3 : 100   → 기준량 : _____

04. 빵의 수에 대한 우유 수의 비
→ 기준량 : _____

05. 잘하는 것 수와 못하는 것 수의 비
→ 기준량 : _____

06. (연필의 수) : (지우개의 수)
→ 기준량 : _____

07. 여자 수의 남자 수에 대한 비
→ 기준량 : _____

08. 오늘 참석한 사람 수에 대한 어제 참석한 사람 수의 비
→ 기준량 : _____

09. 전체 회원 수에 대한 회비를 납부한 사람 수의 비
→ 기준량 : _____

10. 가스 검침을 한 세대 수에 대한 검침 하지 않는 세대 수의 비
→ 기준량 : _____

※ ★ : ■ 의 비로 고친 후 기준량을 찾으면, 쉽게 찾을 수 있습니다.

소리내 풀기 비를 보고 빈 칸에 알맞은 수를 적으세요.

	비	기준량	비교하는 양	비의 값 (비율) 분수	소수
11.	6 : 3				
12.	3 : 6				

	비	기준량	비교하는 양	비의 값 (비율) 분수	소수
13.	16 대 4				
14.	4 대 16				

	비	기준량	비교하는 양	비의 값 (비율) 분수	소수
15.	8 에 대한 20 의 비				
16.	20 에 대한 8 의 비				

	비	기준량	비교하는 양	비의 값 (비율) 분수	소수
17.	50의 10에 대한 비				
18.	10의 50에 대한 비				

	비	기준량	비교하는 양	비의 값 (비율) 분수	소수
19.	25 에 대한 20 의 비				
20.	25의 20에 대한 비				

※ 비율(비의 값)을 분수로 구할때, 분수가 약분이 가능하면 꼭 분수 부분을 약분하여 기약분수로 적어야 합니다.

문제) 윤희네 집에 과일이 8 개 있습니다. 이 중에서 사과가 2 개이면, 전체 과일 수에 대한 사과 수의 비의 값은 얼마일까요?

풀이) 전체 과일 수 = 8 개,   사과 수 = 2 개

비의 값 = 사과수 ÷ 전체 과일 수 이므로

식은 2 ÷ 8 이고, 값은 0.25 $\left(= \frac{1}{4}\right)$ 입니다.

비) 2 : 8   비의 값) 0.25 $\left(= \frac{1}{4}\right)$

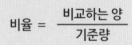

$$비율 = \frac{비교하는 양}{기준량}$$

소리내 풀기 **아래의 문제를 풀어보세요.**

01. 대환이네 반은 공이 16 개 있습니다. 이 중 10 개가 농구공이면 전체 공 수에 대한 농구공 수의 비를 소수로 구하세요.

(식 2점)
(답 1점)

풀이)

비) _____   비의 값) _____

02. 도서관에서 동화책 15 권을 빌려서 6 권을 읽었습니다. 도서관에서 빌린 동화책 수에 대한 읽은 동화책 수의 비의 값을 분수로 얼마일까요?

(식 2점)
(답 1점)

풀이)

비) _____   비의 값) _____

03. 이번달 용돈으로 5000원을 받아서 3000원을 사용했습니다. 받은 용돈에 대한 사용한 용돈의 비율을 소수로 구하세요.

(식 2점)
(답 1점)

풀이)

비) _____   비율) _____

04. 내가 문제를 만들어 풀어 봅니다. (비율, 비의 값)

문제 2점
(식 2점)
(답 2점)

풀이)

비) _____   비율) _____

확인 (틀린 문제의 수를 적고, 약한 부분을 보충하세요.)

회차	틀린문제수
66 회	문제
67 회	문제
68 회	문제
69 회	문제
70 회	문제

생각해보기

앞에서 배운 5회차 내용이 모두 이해 되었나요?

1. 모두 이해되고 자신있다.   → 다음 회로 넘어 갑니다.

2. 2~3문제 틀릴 수는 있겠지만 거의 이해한다.
   → 개념부분을 한번 더 읽고 다음 회로 넘어 갑니다.

3. 잘 모르는 것 같다.
   → 개념부분과 틀린문제를 한번 더 보고 다음 회로 넘어 갑니다.

틀린 문제가 있었다면 왜 틀렸을거라고 생각합니까?

1. 개념 설명이 어려워서 잘 모르겠다.   2. 다 아는데 실수한 것 같다.

3. 빨리 끝내고 싶어서 집중할 수가 없다.   4. 하기 싫어서....

오답노트 (앞에서 틀린 문제나 기억하고 싶은 문제를 적습니다.)

회	번
문제	풀이

회	번
문제	풀이

회	번
문제	풀이

회	번
문제	풀이

회	번
문제	풀이

71 백분율

비율 (비의 값) : 기준량을 1로 할때 비교하는 양의 크기

백분율 : 기준량을 100으로 할때 비교하는 양의 크기
비율에 100을 곱한 값으로 기호 % (퍼센트)를 씁니다.

백분율 (%) = 비율×100   16 % = 십육 퍼센트

비율을 백분율로 나타내기

백분율 (%) = 비율×100

백분율을 소수 또는 분수로 나타내기

비율 = 백분율 (%) ÷100

소리내
풀기
아래 비율(비의 값)을 백분율로 나타내세요.

01. 0.25 ➡ 0.25 × ⬚ = ⬚ %

02. 1.7 ➡ 1.7 × ⬚ = ⬚ %

03. $\frac{2}{5}$ ➡ $\frac{2}{5}$ × ⬚ = ⬚ %

04. $\frac{7}{10}$ ➡ $\frac{7}{10}$ × ⬚ = ⬚ %

05. $1\frac{1}{2}$ ➡ $\frac{3}{2}$ × ⬚ = ⬚ %

※ 대분수를 가분수로 바꾼 후 계산하면 계산이 복잡해 집니다.

06. $3\frac{3}{8}$ ➡ (3 × 100) + ($\frac{⬚}{8}$ × ⬚)

= 300 + ⬚ = ⬚ %

07. $4\frac{2}{25}$ ➡ (4 × 100) + ($\frac{⬚}{25}$ × ⬚)

= 400 + ⬚ = ⬚ %

※ 대분수는 자연수와 분수에 각각 100을 곱한 값을 더합니다.

소리내
풀기
아래 백분율을 소수로 나타내세요.

08. 35 % ➡ 35 ÷ ⬚ = ⬚

09. 15 % ➡ 15 ÷ ⬚ = ⬚

10. 170 % ➡ 170 ÷ ⬚ = ⬚

11. 201 % ➡ 201 ÷ ⬚ = ⬚

소리내
풀기
아래 백분율을 분수로 나타내세요.

12. 5 % ➡ 5 ÷ ⬚ = $\frac{5}{⬚}$ = ⬚

13. 15 % ➡ 15 ÷ ⬚ = $\frac{15}{⬚}$ = ⬚

14. 25 % ➡ 25 ÷ ⬚ = ⬚ = ⬚

15. 340 % ➡ 340 ÷ ⬚ = ⬚ = ⬚

※ 분수로 값을 적을때는 반드시 분수 부분이 기약분수여야 한다.

비의 비율을 백분율로 나타내려고 합니다. 빈칸에 알맞은 수를 써넣으시오.

01.

$$4 : 5 \Rightarrow \dfrac{\boxed{}}{\boxed{}} \times 100 = \boxed{} = \boxed{} \%$$

02.

$$3 : 20 \Rightarrow \dfrac{\boxed{}}{\boxed{}} \times 100 = \boxed{} = \boxed{} \%$$

03. 4에 대한 1의 비

$$\Rightarrow \dfrac{\boxed{}}{\boxed{}} \times 100 = \boxed{} = \boxed{} \%$$

04. 7과 10의 비

$$\Rightarrow \dfrac{\boxed{}}{\boxed{}} \times 100 = \boxed{} = \boxed{} \%$$

05. 3 대 8

$$\Rightarrow \dfrac{\boxed{}}{\boxed{}} \times 100 = \boxed{} = \boxed{} \%$$

06.

$$1 : 5 \Rightarrow \quad 백분율 = \underline{} \%$$

07.

$$9 : 15 \Rightarrow \quad 백분율 = \underline{} \%$$

08. 25에 대한 8의 비 $\Rightarrow$ 백분율 = \underline{} %

09. 6과 10의 비 $\Rightarrow$ 백분율 = \underline{} %

10. 23 대 50 $\Rightarrow$ 백분율 = \underline{} %

73 백분율 (연습2)

 소리내 풀기 아래의 그림에서 색칠한 부분의 백분율을 소수로 나타내세요. (나눠 떨어지지 않으면, 백분율이 자연수가 되도록 버림하여 적으세요.)

01.

비율 = $\dfrac{\text{색칠한 부분}}{\text{전체 부분}}$ = $\dfrac{\square}{\square}$

백분율 = $\dfrac{\square}{\square}$ × 100 = ▢ = ▢ %

02.

비율 = $\dfrac{\text{색칠한 부분}}{\text{전체 부분}}$ = $\dfrac{\square}{\square}$

백분율 = $\dfrac{\square}{\square}$ × 100 = ▢ = ▢ %

03.

비율 = $\dfrac{\text{색칠한 부분}}{\text{전체 부분}}$ = $\dfrac{\square}{\square}$

백분율 = $\dfrac{\square}{\square}$ × 100 = ▢ = ▢ %

04.

백분율 = _____ %

05.

백분율 = _____ %

06.

백분율 = _____ %

07.

백분율 = _____ %

08.

백분율 = _____ %

 소리내 읽기

비교하는 양 구하기

비교하는 양 = 기준량 × 비율

기준량의 몇 %(비율)은 비교하는 양이 됩니다.

기준량 구하기

기준량 = 비교하는 양 ÷ 비율

기준량의 몇 %(비율)은 비교하는 양이 됩니다.

※ 아래 문제와 같이 기준량, 비율, 비교하는 양으로 말을 만들 수 있습니다.

 소리내 풀기

기준량과 비율을 보고, 비교하는 양을 구하세요.

01. 기준량 : **30** , 비율 : **20 %** 일때,

비교하는 양 = ☐ × $\dfrac{☐}{100}$ = ☐

➡ **30** 개의 **20 %**는 ☐ 개 입니다.
　　기준량　　　비율　　비교하는 양

02. 기준량 : **5000** , 비율 : $\dfrac{2}{5}$ 일때,

비교하는 양 = ☐ × $\dfrac{☐}{☐}$ = ☐

➡ **5000** 원의 $\dfrac{2}{5}$ 는 ☐ 원 입니다.

03. 기준량 : **40** , 비율 : **0.8** 일때,

비교하는 양 = ☐ × $\dfrac{☐}{10}$ = ☐

➡ **40** cm의 **0.8** 은 ☐ cm 입니다.

※ 대분수는 가분수로 바꾼 후 100을 곱해 줍니다.

 소리내 풀기

비교하는 양과 비율을 보고, 기준량을 구하세요.

04. 비교하는 양 : **2000** , 비율 : **25 %** 일때,

기준량 = ☐ ÷ $\dfrac{☐}{☐}$ = ☐ × $\dfrac{☐}{☐}$ = ☐

➡ ☐ 원의 **25 %**는 **2000** 원 입니다.
　　기준량　　　비율　　비교하는 양

05. 비교하는 양 : **20** , 비율 : $\dfrac{2}{3}$ 일때,

기준량 = ☐ ÷ $\dfrac{☐}{☐}$ = ☐ × $\dfrac{☐}{☐}$ = ☐

➡ ☐ 개의 $\dfrac{2}{3}$ 는 **20** 개 입니다.

06. 비교하는 양 : **5** , 비율 : **0.25** 일때,

기준량 = ☐ ÷ $\dfrac{☐}{☐}$ = ☐ × $\dfrac{☐}{☐}$ = ☐

➡ ☐ 명의 **0.25** 는 **5** 명 입니다.

※ 분수로 값을 적을때는 반드시 분수 부분이 기약분수여야 합니다.

---

75 비교하는 양/기준량 구하기 (연습)

소리내 풀기 기준량과 비율을 보고, 비교하는 양을 구하세요.

01. 기준량 : **60** , 비율 : **45 %** 일때,

비교하는 양 = ☐ × $\dfrac{☐}{100}$ = ☐

➡ **60** 명의 **45 %**인 ☐ 명이 남학생이다.
　기준량　　비율　　비교하는 양

02. 기준량 : **175** , 비율 : **0.8** 일때,

비교하는 양 =

➡ **175** cm의 **0.8** 인 ☐ cm 까지 키가 컸다.

03. 기준량 : **40000** , 비율 : $\dfrac{5}{8}$ 일때,

비교하는 양 =

➡ **40000** 원의 $\dfrac{5}{8}$ 인 ☐ 원을 저금한다.

04. 기준량 : **600** , 비율 : **1.25** 일때,

비교하는 양 =

➡ 사과 **600** 개의 **1.25**는 ☐ 개 입니다.

소리내 풀기 비교하는 양과 비율을 보고, 기준량을 구하세요.

05. 비교하는 양 : **225** , 비율 : **0.45** 일때,

기준량 = ☐ ÷ $\dfrac{☐}{☐}$ = ☐ × $\dfrac{☐}{☐}$ = ☐

➡ ☐ 명의 **0.45** 는 **225** 명 입니다.
　기준량　　　비율　　비교하는 양

06. 비교하는 양 : **4500** , 비율 : **25 %** 일때,

기준량 =

➡ ☐ 원의 **25 %** 는 **4500** 원 입니다.

07. 비교하는 양 : **24** , 비율 : $\dfrac{8}{9}$ 일때,

기준량 =

➡ ☐ 개의 $\dfrac{8}{9}$ 는 **24** 개 입니다.

08. 비교하는 양 : **2000** , 비율 : **25 %** 일때,

기준량 =

➡ ☐ 원의 **25 %**는 **2000** 원 입니다.

확인 (틀린 문제의 수를 적고, 약한 부분을 보충하세요.)

회차	틀린문제수
71 회	문제
72 회	문제
73 회	문제
74 회	문제
75 회	문제

생각해보기

앞에서 배운 5회차 내용이 모두 이해 되었나요?

1. 모두 이해되고 자신있다. → 다음 회로 넘어 갑니다.

2. 2~3문제 틀릴 수는 있겠지만 거의 이해한다.
   → 개념부분을 한번 더 읽고 다음 회로 넘어 갑니다.

. 잘 모르는 것 같다.
   → 개념부분과 틀린문제를 한번 더 보고 다음 회로 넘어 갑니다.

틀린 문제가 있었다면 왜 틀렸을거라고 생각합니까?

. 개념 설명이 어려워서 잘 모르겠다.   2. 다 아는데 실수한 것 같다.

. 빨리 끝내고 싶어서 집중할 수가 없다.   4. 하기 싫어서....

오답노트 (앞에서 틀린 문제나 기억하고 싶은 문제를 적습니다.)

회	번
문제	풀이

회	번
문제	풀이

회	번
문제	풀이

회	번
문제	풀이

회	번
문제	풀이

76 비교하는 양 구하기 (생각문제)

문제) 윤희네 집에 과일이 8 개 있습니다. 이 중에서 25% 가 사과이면, 사과는 몇 개가 있는 것일까요?

풀이) 전체 과일 수 = 8 개,   사과 수 = 25 %

사과수 = 전체 과일 수 × 전체 과일 수 이므로

식은 8 × 25% 이고, 값은 2 입니다.

식) 8 × 25% (0.25)   답) 2 개

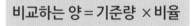

비교하는 양 = 기준량 × 비율

아래의 문제를 풀어보세요.

01. 정현이는 농구공을 25번 던져서 20% 성공했다고 합니다. 성공한 골은 몇 골일까요?

(식 2점)
(답 1점)

풀이)

식) _____   답) _____ 골

02. 현주네 반 학생 15명 중 안경을 쓴 학생이 40%라고 한다면 현주네 반에서 안경 쓴 학생은 몇 명 일까요?

(식 2점)
(답 1점)

풀이)

식) _____   답) _____ 명

03. 집 앞 주차장은 32대 주차 할 수 있습니다. 지금 25%가 비어 있다면 주차장에 몇 대 더 주차할 수 있을까요?

(식 2점)
(답 1점)

풀이)

식) _____   답) _____ 대

04. 내가 문제를 만들어 풀어 봅니다. (비교하는 양 구하기)

(문제 2점)
(식 2점)
(답 2점)

풀이)

식) _____   답) _____

문제) 윤희네 집에 사과가 2개 있습니다. 사과의 수는 전체 과일의 25%라고 한다면, 윤희네 집에 과일은 몇 개 있을까요?

풀이) 사과 수 = 2 개,   사과의 비율 = 25 %

전체 과일 수 = 사과 수 × 사과의 비율 이므로

식은 2 ÷ 25% 이고, 값은 8 입니다.

식) 2 ÷ 25% (0.25)   답) 8 개

> 기준량 = 비교하는 양 ÷ 비율

아래의 문제를 풀어보세요.

01. 민정이는 농구공을 던져 4개 성공했는데 성공률이 20%라고 합니다. 민정이는 모두 몇 번 던졌을까요?

풀이)   (식 2점
                                          답 1점)

식) _____   답) _____ 번

02. 한 반 학생수의 45%가 상을 받는다고 합니다. 우리반은 9명이 상을 받는다면, 우리반 학생수는 모두 몇 명일까요?

풀이)   (식 2점
                                          답 1점)

식) _____   답) _____ 명

03. 저번 주에 용돈을 받아 70%가 남았습니다. 남은 돈이 3500원일때, 처음 받은 용돈은 얼마일까요?

풀이)   (식 2점
                                          답 1점)

식) _____   답) _____ 원

04. 내가 문제를 만들어 풀어 봅니다. (기준량 구하기)

풀이)   문제 2점
                                      (식 2점)
                                        답 2점

식) _____   답) _____

78 평행사변형과 삼각형의 넓이

평행사변형의 넓이

평행사변형의 넓이 = (밑면)×(높이)

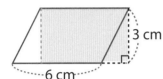

3 cm
6 cm

평행사변형의 넓이
= 직사각형의 넓이
= 6 × 3 = 18 cm²

※ 앞에 삐쳐나온 삼각형을 옆으로 붙이면 직사각형이 됩니다.

삼각형의 넓이

삼각형의 넓이 = {(밑면)×(높이)} ÷ 2

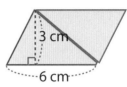

3 cm
6 cm

삼각형의 넓이
= 평행사변형의 넓이 ÷ 2
= (6 × 3) ÷ 2 = 9 cm²

※ 삼각형을 거꾸로 붙여 놓으면 평행사변형이 됩니다.

아래의 평행사변형과 삼각형의 넓이 구하는 식을 적고, 답을 구하세요.

01.
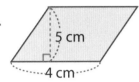
5 cm
4 cm

넓이 =

= ☐ cm²

02.
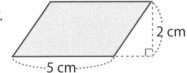
2 cm
5 cm

넓이 =

= ☐ cm²

03.
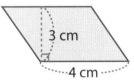
3 cm
4 cm

넓이 =

= ☐ cm²

04.
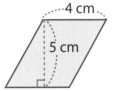
4 cm
5 cm

넓이 =

= ☐ cm²

05.
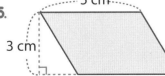
5 cm
3 cm

넓이 =

= ☐ cm²

06.
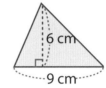
6 cm
9 cm

넓이 =

= ☐ cm²

07.
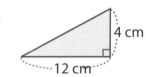
4 cm
12 cm

넓이 =

= ☐ cm²

08.
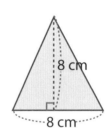
8 cm
8 cm

넓이 =

= ☐ cm²

09.
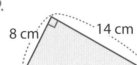
8 cm
14 cm

넓이 =

= ☐ cm²

10.
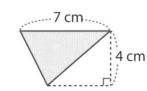
7 cm
4 cm

넓이 =

= ☐ cm²

이어서 나는 ☐ 을(를) 공부/연습할거야!!

사다리꼴의 넓이

사다리꼴의 넓이 = {(윗변)+(아랫변)}×(높이)÷ 2

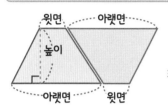

사다리꼴의 넓이
= 평행사변형의 넓이 ÷ 2

※ 똑같은 사다리꼴을 거꾸로해서 붙이면 아랫면+윗면이 한변이 되는 평행사변형이 됩니다.

마름모의 넓이

마름모의 넓이 = {(가로)×(세로)} ÷ 2

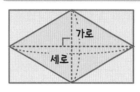

마름모의 넓이
= 큰 사각형의 넓이 ÷ 2
= (한대각선)×(다른 대각선)÷ 2
　　　가로　　　　　세로

※ 마름모의 각 대각선의 길이로 큰 사각형을 그리면 마름모의 2배가 됩니다.

아래 사다리꼴과 마름모의 넓이 구하는 식을 적고, 답을 구하세요.

01.
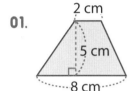
2 cm
5 cm
8 cm

넓이 =
＿＿＿＿＿＿＿
= ☐ cm²

06.
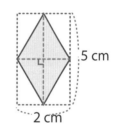
4 cm
7 cm

넓이 =
＿＿＿＿＿＿＿
= ☐ cm²

02.
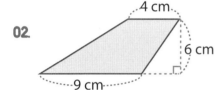
4 cm
6 cm
9 cm

넓이 =
＿＿＿＿＿＿＿
= ☐ cm²

07.
5 cm
2 cm

넓이 =
＿＿＿＿＿＿＿
= ☐ cm²

03.
14 cm
7 cm
8 cm

넓이 =
＿＿＿＿＿＿＿
= ☐ cm²

08.

3 cm ◄　　► 6 cm

넓이 =
＿＿＿＿＿＿＿
= ☐ cm²

04.
18 cm
12 cm
24 cm

넓이 =
＿＿＿＿＿＿＿
= ☐ cm²

09.
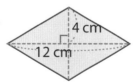
4 cm
12 cm

넓이 =
＿＿＿＿＿＿＿
= ☐ cm²

05.
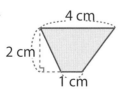
4 cm
2 cm
1 cm

넓이 =
＿＿＿＿＿＿＿
= ☐ cm²

10.
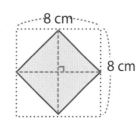
8 cm
8 cm

넓이 =
＿＿＿＿＿＿＿
= ☐ cm²

※ 도형의 넓이 문제는 어렵지 않습니다. 사각형의 넓이 (밑면×높이)만 알면 다른 도형의 넓이도 구할 수 있습니다.

색칠한 도형에 대한 설명을 보고 도형의 이름과 넓이를 구하세요.

01.

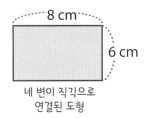

8 cm
6 cm

네 변이 직각으로
연결된 도형

도형
이름 : _____

넓이 = _____ cm²

02.

7 cm
9 cm

두 변이 평행하고
두변의 길이도 같은 도형

도형
이름 : _____

넓이 = _____ cm²

03.

4 cm
5 cm

꼭지점이 3개인
도형

도형
이름 : _____

넓이 = _____ cm²

04.

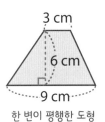

3 cm
6 cm
9 cm

한 변이 평행한 도형

도형
이름 : _____

넓이 = _____ cm²

05.

5 cm
9 cm

네 편의 길이가 같은 도형

도형
이름 : _____

넓이 = _____ cm²

06.

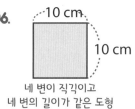

10 cm
10 cm

네 변이 직각이고
네 변의 길이가 같은 도형

도형
이름 : _____

넓이 = _____ cm²

07.

9 cm   14 cm

한개의 각이 직각이고,
3개의 변으로 이루어진 도형

도형
이름 : _____

넓이 = _____ cm²

08.

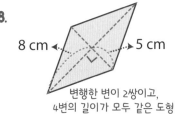

8 cm ◄   ► 5 cm

변행한 변이 2쌍이고,
4변의 길이가 모두 같은 도형

도형
이름 : _____

넓이 = _____ cm²

09.

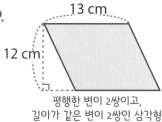

13 cm
12 cm

평행한 변이 2쌍이고,
길이가 같은 변이 2쌍인 삼각형

도형
이름 : _____

넓이 = _____ cm²

10.

12 cm
10 cm
15 cm

한 변이 평행한 사각형

도형
이름 : _____

넓이 = _____ cm²

※ 도형의 넓이 문제는 어렵지 않습니다. 사각형의 넓이 (밑면✕높이)만 알면 다른 도형의 넓이도 구할 수 있습니다.
공식이 생각나지 않는다면, 도형을 연장해 보거나, 똑같은 것을 뒤집어 붙여 보거나 해보세요, 사각형이 나올거에요^^

확인 (틀린 문제의 수를 적고, 약한 부분을 보충하세요.)

회차	틀린문제수
76 회	문제
77 회	문제
78 회	문제
79 회	문제
80 회	문제

생각해보기

앞에서 배운 5회차 내용이 모두 이해 되었나요?

1. 모두 이해되고 자신있다. → 다음 회로 넘어 갑니다.

2. 2~3문제 틀릴 수는 있겠지만 거의 이해한다.
    → 개념부분을 한번 더 읽고 다음 회로 넘어 갑니다.

3. 잘 모르는 것 같다.
    → 개념부분과 틀린문제를 한번 더 보고 다음 회로 넘어 갑니다.

틀린 문제가 있었다면 왜 틀렸을거라고 생각합니까?

1. 개념 설명이 어려워서 잘 모르겠다.   2. 다 아는데 실수한 것 같다.

3. 빨리 끝내고 싶어서 집중할 수가 없다.   4. 하기 싫어서....

오답노트 (앞에서 틀린 문제나 기억하고 싶은 문제를 적습니다.)

회	번
문제	풀이

회	번
문제	풀이

회	번
문제	풀이

회	번
문제	풀이

회	번
문제	풀이

81 진분수의 덧셈

분모가 다른 진분수의 덧셈 방법

$$\frac{1}{3} + \frac{2}{5} = \frac{1 \times 5}{3 \times 5} + \frac{2 \times 3}{5 \times 3}$$ ① 통분하고,

$$= \frac{5}{15} + \frac{6}{15}$$ ② 분자끼리 더합니다.

$$= \frac{11}{15}$$

계산결과가 약분 가능하면 기약분수로 만듭니다.

$$\frac{3}{4} + \frac{1}{6} = \frac{3 \times 6}{4 \times 6} + \frac{1 \times 4}{6 \times 4}$$ ① 통분하고,

$$= \frac{18}{24} + \frac{4}{24}$$ ② 분자끼리 더하고,

$$= \frac{22}{24} = \frac{11}{12}$$ ③ 약분 가능하면 약분해서 기약분수로 나타냅니다.

기약분수로

두 분모를 곱하는 방법으로 통분하여 아래 문제의 값을 구하세요.

01. $\dfrac{1}{3} + \dfrac{1}{4} = \dfrac{1 \times \square}{3 \times \square} + \dfrac{1 \times \square}{4 \times \square}$

$= \dfrac{\square}{\square} + \dfrac{\square}{\square} = \dfrac{\square}{\square}$

02. $\dfrac{3}{4} + \dfrac{1}{9} = \dfrac{3 \times \square}{4 \times \square} + \dfrac{1 \times \square}{9 \times \square}$

$= \dfrac{\square}{\square} + \dfrac{\square}{\square} = \dfrac{\square}{\square}$

03. $\dfrac{2}{5} + \dfrac{3}{8} = \dfrac{2 \times \square}{5 \times \square} + \dfrac{3 \times \square}{8 \times \square}$

$= \dfrac{\square}{\square} + \dfrac{\square}{\square} = \dfrac{\square}{\square}$

두 분모의 최대공약수를 공통분모하여 통분하는 방법으로 아래 문제의 값을 구하세요.

04. $\dfrac{1}{2} + \dfrac{1}{6} = \dfrac{1 \times \square}{2 \times \square} + \dfrac{1 \times \square}{6 \times \square}$

$= \dfrac{\square}{\square} + \dfrac{\square}{6} = \dfrac{\square}{\square} = \dfrac{\square}{\square}$

05. $\dfrac{2}{5} + \dfrac{1}{10} = \dfrac{2 \times \square}{5 \times \square} + \dfrac{1 \times \square}{10 \times \square}$

$= \dfrac{\square}{\square} + \dfrac{\square}{10} = \dfrac{\square}{\square} = \dfrac{\square}{\square}$

06. $\dfrac{3}{4} + \dfrac{1}{12} = \dfrac{3 \times \square}{4 \times \square} + \dfrac{1 \times \square}{12 \times \square}$

$= \dfrac{\square}{\square} + \dfrac{\square}{12} = \dfrac{\square}{\square} = \dfrac{\square}{\square}$

※ 계산의 답이 가분수이거나 분수부분이 더 약분 가능한 답을 적으면 틀린 답입니다. 답은 진분수, 대분수이여야 하고, 분수부분은 반드시 기약분수여야 합니다.
분수부분이 약분 가능하면 계산이 끝난것이 아닙니다. 기약분수가 나와야지 계산이 끝난것 입니다.

방법 ① 자연수는 자연수끼리, 분수는 분수끼리 계산

$$2\frac{4}{5}+1\frac{2}{3}=2\frac{12}{15}+1\frac{10}{15}$$ 분수부분을 통분

$$=(2+1)+\left(\frac{12}{15}+\frac{10}{15}\right)$$ 끼리끼리

$$=3\frac{22}{15}=4\frac{7}{15}$$

대분수로

방법 ② 대분수를 가분수로 고쳐서 계산

$$2\frac{4}{5}+1\frac{2}{3}=\frac{14}{5}+\frac{5}{3}$$ 가분수로

$$=\frac{42}{15}+\frac{25}{15}$$ 통분

$$=\frac{67}{15}=4\frac{7}{15}$$ 약분하고, 대분수로 바꿔 줍니다.

대분수로

자연수는 자연수끼리, 분수는 분수끼리 더하는 방법으로 덧셈하여 값을 구하세요.

01. $1\frac{1}{3}+2\frac{8}{9}=1\frac{\boxed{}}{9}+2\frac{\boxed{}}{9}$

$$=(1+2)+\left(\frac{\boxed{}}{9}+\frac{\boxed{}}{9}\right)$$

$$=\boxed{}\,\frac{\boxed{}}{9}=\boxed{}\,\frac{\boxed{}}{\boxed{}}$$

02. $\dfrac{3}{4}+1\dfrac{5}{12}=$

03. $1\dfrac{5}{7}+3\dfrac{13}{21}$

04. $1\dfrac{1}{6}+1\dfrac{8}{9}=$

대분수를 가분수로 고쳐서 계산하는 방법으로 계산해 보세요.

05. $1\frac{1}{3}+2\frac{8}{9}=\frac{\boxed{}}{3}+\frac{\boxed{}}{9}$

$$=\frac{\boxed{}}{9}+\frac{\boxed{}}{9}$$

$$=\frac{\boxed{}}{9}=\boxed{}\,\frac{\boxed{}}{\boxed{}}$$

06. $\dfrac{3}{4}+1\dfrac{5}{12}=$

07. $1\dfrac{5}{7}+3\dfrac{13}{21}$

08. $1\dfrac{1}{6}+1\dfrac{8}{9}=$

※ 1~4번 문제와 5~8번 문제는 같은 문제입니다. 푸는 과정이 다르지만 값은 옆의 문제와 같습니다.
어떻게 푸는 것이 더 쉬웠나요?

Mon 월 일
분 초

12 문제 중
문제 맞

 소리내 풀기 자연수는 자연수끼리, 분수는 분수끼리 더하는 방법으로 덧셈하여 값을 구하세요.

 소리내 풀기 대분수를 가분수로 고쳐서 계산하는 방법으로 계산해 보세요.

01. $2\dfrac{1}{2} + 1\dfrac{1}{4} = 2\dfrac{\boxed{}}{4} + 1\dfrac{\boxed{}}{4}$

$= (\ 2\ +\ 1\ ) + \left(\dfrac{\boxed{}}{4} + \dfrac{\boxed{}}{4} \right)$

$= \boxed{}\dfrac{\boxed{}}{4}$

02. $2\dfrac{2}{3} + \dfrac{10}{21} =$

03. $1\dfrac{3}{4} + 1\dfrac{5}{8} =$

04. $3\dfrac{2}{3} + 2\dfrac{5}{7} =$

05. $1\dfrac{3}{4} + 2\dfrac{5}{14} =$

06. $2\dfrac{1}{5} + 2\dfrac{9}{10} =$

07. $1\dfrac{5}{6} + 3\dfrac{7}{15} = \dfrac{\boxed{}}{6} + \dfrac{\boxed{}}{15}$

$= \dfrac{\boxed{}}{30} + \dfrac{\boxed{}}{30} = \dfrac{\boxed{}}{30}$

$= \dfrac{\boxed{}}{10} = \boxed{}\dfrac{\boxed{}}{\boxed{}}$

08. $\dfrac{2}{5} + 1\dfrac{13}{20} =$

09. $2\dfrac{1}{7} + 1\dfrac{5}{14} =$

10. $1\dfrac{3}{8} + 3\dfrac{7}{12} =$

11. $2\dfrac{5}{6} + 2\dfrac{1}{18} =$

12. $4\dfrac{5}{8} + 1\dfrac{5}{24} =$

Mon 월 일
⊘ 분 초

12 문제 중
문제 맞았기!

 소리내 풀기 자연수는 자연수끼리, 분수는 분수끼리 더하는 방법으로 덧셈하여 값을 구하세요.

01. $3\frac{5}{6} + 2\frac{3}{8} = 3\frac{\boxed{}}{24} + 2\frac{\boxed{}}{24}$

$= (3 + 2) + (\frac{\boxed{}}{24} + \frac{\boxed{}}{24})$

$= \boxed{}\frac{\boxed{}}{24} = \boxed{}\frac{\boxed{}}{\boxed{}}$

02. $2\frac{3}{4} + \frac{1}{6} =$

03. $1\frac{7}{9} + 3\frac{8}{15} =$

04. $1\frac{5}{7} + 1\frac{1}{28} =$

05. $3\frac{1}{2} + 2\frac{7}{10} =$

06. $2\frac{2}{3} + 1\frac{11}{15} =$

 소리내 풀기 대분수를 가분수로 고쳐서 계산하는 방법으로 계산해 보세요.

07. $1\frac{1}{6} + 3\frac{5}{18} = \frac{\boxed{}}{6} + \frac{\boxed{}}{18}$

$= \frac{\boxed{}}{18} + \frac{\boxed{}}{18}$

$= \frac{\boxed{}}{18} = \frac{\boxed{}}{\boxed{}} = \boxed{}\frac{\boxed{}}{\boxed{}}$

08. $\frac{2}{5} + 1\frac{17}{20} =$

09. $3\frac{1}{4} + 1\frac{3}{5} =$

10. $2\frac{1}{8} + 2\frac{7}{24} =$

11. $1\frac{6}{7} + 4\frac{5}{21} =$

12. $1\frac{1}{3} + 2\frac{6}{7} =$

85 분수의 덧셈 (생각문제)

문제) 미지는 $2\frac{1}{6}$m, 희철이는 $4\frac{3}{4}$m 의 노란 줄을 가지고 있습니다. 두 사람이 가지고 있는 노란색 줄은 모두 몇 m일까요?

풀이) 미지의 노란 줄 = $2\frac{1}{6}$ m   희철이이의 노란 줄 = $4\frac{3}{4}$ m

전체 노란 줄 = 미지의 노란줄 + 희철이의 노란줄 이므로

식은 $2\frac{1}{6}+4\frac{3}{4}$ 이고 값은 $6\frac{11}{12}$ m 입니다.

식) $2\frac{1}{6}+4\frac{3}{4}$ 답) $6\frac{11}{12}$

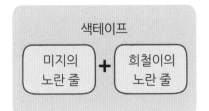

색테이프

미지의 노란 줄 **+** 희철이의 노란 줄

아래의 문제를 풀어보세요.

01. 어제 $1\frac{8}{15}$통의 물을 마시고, 오늘 $2\frac{1}{3}$통의 물을 마셨습니다. 어제와 오늘 마신 물은 모두 몇 통 일까요?

(식 2점
답 1점)

풀이)

식) _____   답) _____ 통

02. 내가 맨 몸일때 체중계에 올라가면 $45\frac{3}{16}$ kg이고, 옷의 무게는 $1\frac{1}{2}$ kg일때, 옷을 입고 몸무게를 재면 몇 kg일까요?

(식 2점
답 1점)

풀이)

식) _____   답) _____ kg

03. 시장에서 고구마 $3\frac{1}{6}$kg과 감자 $1\frac{4}{15}$kg를 사서 빈봉투에 담았습니다. 봉투에는 몇 kg이 들어있을까요?

(식 2점
답 1점)

풀이)

식) _____   답) _____ kg

04. 내가 문제를 만들어 풀어 봅니다. (분모가 다른 분수의 덧셈)

(문제 2점
식 2점
답 1점)

풀이)

식) _____   답) _____

확인 (틀린 문제의 수를 적고, 약한 부분을 보충하세요.)

회차	틀린문제수
81 회	문제
82 회	문제
83 회	문제
84 회	문제
85 회	문제

생각해보기

앞에서 배운 5회차 내용이 모두 이해 되었나요?

1. 모두 이해되고 자신있다. → 다음 회로 넘어 갑니다.

2. 2~3문제 틀릴 수는 있겠지만 거의 이해한다.
   → 개념부분을 한번 더 읽고 다음 회로 넘어 갑니다.

3. 잘 모르는 것 같다.
   → 개념부분과 틀린문제를 한번 더 보고 다음 회로 넘어 갑니다.

틀린 문제가 있었다면 왜 틀렸을거라고 생각합니까?

1. 개념 설명이 어려워서 잘 모르겠다.   2. 다 아는데 실수한 것 같다.

3. 빨리 끝내고 싶어서 집중할 수가 없다.   4. 하기 싫어서....

오답노트 (앞에서 틀린 문제나 기억하고 싶은 문제를 적습니다.)

회	번
문제	풀이

회	번
문제	풀이

회	번
문제	풀이

회	번
문제	풀이

회	번
문제	풀이

86 진분수의 뺄셈

6문제 중
문제 맞힘

Mon 월 일
분 초

소리내 읽기

분모가 다른 진분수의 뺄셈 방법

$$\frac{3}{4} - \frac{2}{5} = \frac{3 \times 5}{4 \times 5} - \frac{2 \times 4}{5 \times 4}$$

① 통분하고,

$$= \frac{15}{20} - \frac{8}{20}$$

② 분자끼리 뺍니다.

$$= \frac{7}{20}$$

계산결과가 약분 가능하면 기약분수로 만듭니다.

$$\frac{3}{4} - \frac{1}{6} = \frac{3 \times 6}{4 \times 6} - \frac{1 \times 4}{6 \times 4}$$

① 통분하고,

$$= \frac{18}{24} - \frac{4}{24}$$

② 분자끼리 뺍합니다.

$$= \frac{14}{24} = \frac{7}{12}$$

③ 약분 가능하면 약분해서 기약분수로 나타냅니다.

기약분수로

소리내 풀기

두 분모를 곱하는 방법으로 통분하고,
뺄셈하여 값을 구하세요.

01. $\dfrac{1}{3} - \dfrac{1}{4} = \dfrac{1 \times \square}{3 \times \square} - \dfrac{1 \times \square}{4 \times \square}$

$$= \frac{\square}{\square} - \frac{\square}{\square} = \frac{\square}{\square}$$

02. $\dfrac{3}{4} - \dfrac{1}{9} = \dfrac{3 \times \square}{4 \times \square} - \dfrac{1 \times \square}{9 \times \square}$

$$= \frac{\square}{\square} - \frac{\square}{\square} = \frac{\square}{\square}$$

03. $\dfrac{2}{5} - \dfrac{3}{8} = \dfrac{2 \times \square}{5 \times \square} - \dfrac{3 \times \square}{8 \times \square}$

$$= \frac{\square}{\square} - \frac{\square}{\square} = \frac{\square}{\square}$$

소리내 풀기

두 분모의 최대공약수를 공통분모하여 통분하고,
뺄셈하여 값을 구하세요.

04. $\dfrac{1}{2} - \dfrac{1}{6} = \dfrac{1 \times \square}{2 \times \square} - \dfrac{1 \times \square}{6 \times \square}$

$$= \frac{\square}{6} - \frac{\square}{\square} = \frac{\square}{\square}$$

05. $\dfrac{3}{5} - \dfrac{1}{10} = \dfrac{3 \times \square}{5 \times \square} - \dfrac{1 \times \square}{10 \times \square}$

$$= \frac{\square}{10} - \frac{\square}{\square} = \frac{\square}{\square}$$

06. $\dfrac{3}{4} - \dfrac{1}{12} = \dfrac{3 \times \square}{4 \times \square} - \dfrac{1 \times \square}{12 \times \square}$

$$= \frac{\square}{12} - \frac{\square}{\square} = \frac{\square}{\square}$$

※ 계산의 답이 가분수이거나 분수부분이 더 약분 가능한 답을 적으면 틀린 답입니다. 답은 진분수, 대분수이고, 분수부분은 기약분수여야 합니다.
분수부분이 더 약분 가능하면 계산이 끝난것이 아닙니다. 기약분수가 나와야지 계산이 끝난것 입니다.

이어서 나는 ⬚ 을(를) 공부/연습할거야!!

방법 ① 자연수는 자연수끼리, 분수는 분수끼리 계산

$$2\frac{4}{5} - 1\frac{2}{3} = 2\frac{12}{15} - 1\frac{10}{15}$$ 분수부분을 통분

$$= (2-1) + \left(\frac{12}{15} - \frac{10}{15}\right)$$ 끼리끼리

$$= 1\frac{2}{15}$$

방법 ② 대분수를 가분수로 고쳐서 계산

$$2\frac{4}{5} - 1\frac{2}{3} = \frac{14}{5} - \frac{5}{3}$$ 가분수로

$$= \frac{42}{15} - \frac{25}{15}$$ 통분

$$= \frac{17}{15} = 1\frac{2}{15}$$ 대분수로 바꿔 줍니다.

대분수로...

자연수는 자연수끼리, 분수는 분수끼리 빼는 방법으로 계산하여 값을 구하세요.

01. $2\frac{2}{3} - 1\frac{1}{9} = 2\frac{\boxed{}}{9} - 1\frac{\boxed{}}{9}$

$$= (2-1) + \left(\frac{\boxed{}}{9} - \frac{\boxed{}}{9}\right)$$

$$= \boxed{}\,\frac{\boxed{}}{9}$$

02. $1\frac{3}{4} - \frac{5}{12} =$

03. $3\frac{5}{7} - 2\frac{12}{21} =$

04. $4\frac{4}{6} - 1\frac{5}{9} =$

대분수를 가분수로 고쳐서 계산하는 방법으로 계산해 보세요.

05. $2\frac{2}{3} - 1\frac{1}{9} = \frac{\boxed{}}{3} - \frac{\boxed{}}{9}$

$$= \frac{\boxed{}}{9} - \frac{\boxed{}}{9}$$

$$= \frac{\boxed{}}{9} = \boxed{}\,\frac{\boxed{}}{\boxed{}}$$

06. $1\frac{3}{4} - \frac{5}{12} =$

07. $3\frac{5}{7} - 2\frac{12}{21} =$

08. $4\frac{4}{6} - 1\frac{5}{9} =$

※ 1~4번 문제와 5~8번 문제는 같은 문제입니다. 푸는 과정이 다르지만 값은 옆의 문제와 같습니다.
어떻게 푸는 것이 더 쉬웠나요?

 방법 ① 자연수는 자연수끼리, 분수는 분수끼리 계산

$$3\frac{1}{6} - 1\frac{3}{4} = 3\frac{4}{24} - 1\frac{18}{24} = 2\frac{28}{24} - 1\frac{18}{24}$$

$$= (2-1) + \left(\frac{28}{24} - \frac{18}{24}\right) \text{끼리끼리}$$

$$= 1\frac{10}{24} = 1\frac{5}{12}$$

약분가능하면 약분하고,
가분수는 대분수로
바꿔 줍니다.

기약분수

방법 ② 대분수를 가분수로 고쳐서 계산

$$3\frac{1}{6} - 1\frac{3}{4} = \frac{19}{6} - \frac{7}{4} \text{ 가분수로}$$

$$= \frac{76}{24} - \frac{42}{24} \text{ 통분}$$

$$= \frac{34}{24} = \frac{17}{12} = 1\frac{5}{12}$$

약분가능하면 약분하고,
가분수는 대분수로
바꿔 줍니다.

기약분수 대분수로

 자연수는 자연수끼리, 분수는 분수끼리 빼는 방법
으로 계산하여 값을 구하세요.

01. $3\frac{1}{3} - 1\frac{5}{6} = 3\frac{\boxed{}}{6} - 1\frac{\boxed{}}{6}$

$= 2\frac{\boxed{}}{6} - 1\frac{\boxed{}}{6}$

$= \boxed{}\frac{\boxed{}}{\boxed{}} = \boxed{}\frac{\boxed{}}{\boxed{}}$

02. $2\frac{3}{4} - 1\frac{17}{20} =$

03. $2\frac{4}{21} - 1\frac{5}{6} =$

04. $2\frac{7}{15} - 1\frac{8}{9} =$

대분수를 가분수로 고쳐서 계산하는 방법으로
계산해 보세요.

05. $3\frac{1}{3} - 1\frac{5}{6} = \frac{\boxed{}}{3} - \frac{\boxed{}}{6}$

$= \frac{\boxed{}}{6} - \frac{\boxed{}}{6}$

$= \frac{\boxed{}}{6} = \frac{\boxed{}}{\boxed{}} = \boxed{}\frac{\boxed{}}{\boxed{}}$

06. $2\frac{3}{4} - 1\frac{17}{20} =$

07. $2\frac{4}{21} - 1\frac{5}{6} =$

08. $2\frac{7}{15} - 1\frac{8}{9} =$

※ 1~4번 문제와 5~8번 문제는 같은 문제입니다. 푸는 과정이 다르지만 값은 옆의 문제와 같습니다.
　어떻게 푸는 것이 더 쉬웠나요?

 자연수는 자연수끼리, 분수는 분수끼리 빼는 방법으로 계산하여 값을 구하세요.

01. $4\dfrac{1}{6} - 1\dfrac{1}{2} = 4\dfrac{\boxed{}}{6} - 1\dfrac{\boxed{}}{6}$

$\quad = 3\dfrac{\boxed{}}{6} - 1\dfrac{\boxed{}}{6}$

$\quad = \boxed{}\dfrac{\boxed{}}{\boxed{}} = \boxed{}\dfrac{\boxed{}}{\boxed{}}$

02. $2\dfrac{2}{3} - 1\dfrac{17}{21} =$

03. $6\dfrac{3}{4} - 3\dfrac{7}{8} =$

04. $3\dfrac{2}{3} - 2\dfrac{6}{7} =$

05. $5\dfrac{5}{14} - 2\dfrac{3}{4} =$

06. $1\dfrac{1}{5} - \dfrac{9}{10} =$

 대분수를 가분수로 고쳐서 계산하는 방법으로 계산해 보세요.

07. $5\dfrac{8}{15} - 3\dfrac{5}{6} = \dfrac{\boxed{}}{15} - \dfrac{\boxed{}}{6}$

$\quad = \dfrac{\boxed{}}{30} - \dfrac{\boxed{}}{30}$

$\quad = \dfrac{\boxed{}}{30} = \dfrac{\boxed{}}{\boxed{}} = \boxed{}\dfrac{\boxed{}}{\boxed{}}$

08. $6\dfrac{3}{5} - 1\dfrac{17}{20} =$

09. $4\dfrac{2}{7} - 2\dfrac{11}{14} =$

10. $5\dfrac{1}{4} - 4\dfrac{7}{12} =$

11. $3\dfrac{5}{6} - \dfrac{17}{18} =$

12. $2\dfrac{17}{24} - 1\dfrac{7}{8} =$

90 분수의 뺄셈 (생각문제)

 문제) 새 박스테이프의 길이는 $5\frac{5}{6}$ m라고 합니다. 새 박스테이프를 뜯어서 $2\frac{7}{9}$ m를 사용하였다면 남은 테이프는 몇 m일까요

풀이) 처음 박스테이프 = $5\frac{5}{6}$ m   사용한 길이 = $2\frac{7}{9}$ m

남은 색 테이프 = 처음 박스 테이프 – 사용한 박스테이프의 길이 이므로

식은 $5\frac{5}{6} - 2\frac{7}{9}$ 이고 값은 $3\frac{1}{18}$ m 입니다.

식) $5\frac{5}{6} - 2\frac{7}{9}$ 답) $3\frac{1}{18}$

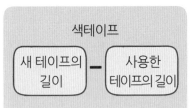

색테이프

| 새 테이프의 길이 | – | 사용한 테이프의 길이 |

 아래의 문제를 풀어보세요.

01. 우유 5통을 사서, $2\frac{5}{8}$ 통을 마셨습니다. 남은 우유는 몇 통일까요?

(식 2점
  답 1점)

풀이)

식) _____   답) _____ 통

02. 우리집에서 학교까지는 $1\frac{3}{10}$ km입니다. 집에서 학교까지 $1\frac{1}{12}$ km만큼 걸어 왔다면 남은 거리는 몇 km일까요?

(식 2점
  답 1점)

풀이)

식) _____   답) _____ km

03. 어떤 상자를 가득 채우면 $4\frac{1}{2}$ kg이 된다고 합니다. 현재 $1\frac{1}{18}$ kg이 있다면, 몇 kg이 더 있어야 상자를 다 채울까요?

(식 2점
  답 1점)

풀이)

식) _____   답) _____ kg

04. 내가 문제를 만들어 풀어 봅니다. (분모가 다른 분수의 뺄셈)

(문제 2점
  식 2점
  답 1점)

풀이)

식) _____   답) _____

회차	틀린문제수
86 회	문제
87 회	문제
88 회	문제
89 회	문제
90 회	문제

생각해보기

앞에서 배운 5회차 내용이 모두 이해 되었나요?

1. 모두 이해되고 자신있다. → 다음 회로 넘어 갑니다.

2. 2~3문제 틀릴 수는 있겠지만 거의 이해한다.
    → 개념부분을 한번 더 읽고 다음 회로 넘어 갑니다.

3. 잘 모르는 것 같다.
    → 개념부분과 틀린문제를 한번 더 보고 다음 회로 넘어 갑니다.

틀린 문제가 있었다면 왜 틀렸을거라고 생각합니까?

1. 개념 설명이 어려워서 잘 모르겠다.   2. 다 아는데 실수한 것 같다.

3. 빨리 끝내고 싶어서 집중할 수가 없다.   4. 하기 싫어서....

오답노트 (앞에서 틀린 문제나 기억하고 싶은 문제를 적습니다.)

회	번
문제	풀이

회	번
문제	풀이

회	번
문제	풀이

회	번
문제	풀이

회	번
문제	풀이

91 세 분수의 덧셈과 뺄셈 (1)

소리내 읽기

방법 ① 앞의 두 분수부터 차례로 계산합니다.

$$\frac{2}{3} + \frac{5}{6} - \frac{1}{4} = \left(\frac{4}{6} + \frac{5}{6} \right) - \frac{1}{4}$$ 앞의 두 분수를 계산합니다.

$$= \frac{9}{6} - \frac{1}{4} = \frac{18}{12} - \frac{3}{12}$$ 뒤의 분수를 계산합니다.

$$= \frac{15}{12} = 1\frac{1}{4}$$ 약분 가능하면 약분하고 대분수는 가분수로 바꿔 줍니다.

방법 ② 세 분수를 한꺼번에 통분하여 계산합니다.

$$\frac{2}{3} + \frac{5}{6} - \frac{1}{4} = \frac{8}{12} + \frac{10}{12} - \frac{3}{12}$$ 3,6,4의 최소공배수 = 12 분모가 12인 분수로 통분합니다.

$$= \frac{15}{12} = 1\frac{1}{4}$$ 약분 가능하면 약분하고 대분수는 가분수로 바꿔 줍니다.

※ 앞의 두 분수부터 푸는 방법은 간단간단하게 많이 계산하게 되고, 한꺼번에 통분하는 방법은 통분만 잘하면 빠르게 값을 구할 수 있습니다.

 소리내 풀기

앞의 두 분수부터 차례로 계산하는 방법으로 아래 세 분수를 계산해 보세요.

01. $\dfrac{1}{4} + \dfrac{5}{6} + \dfrac{1}{2} =$

02. $\dfrac{1}{6} + \dfrac{3}{4} - \dfrac{5}{8} =$

03. $\dfrac{3}{4} - \dfrac{1}{10} + \dfrac{2}{5} =$

04. $\dfrac{13}{15} - \dfrac{2}{3} - \dfrac{1}{5} =$

 소리내 풀기

세 분수를 한꺼번에 통분하는 방법으로 아래 세 분수를 계산해 보세요.

05. $\dfrac{1}{4} + \dfrac{5}{6} + \dfrac{1}{2} =$

06. $\dfrac{1}{6} + \dfrac{3}{4} - \dfrac{5}{8} =$

07. $\dfrac{3}{4} - \dfrac{1}{10} + \dfrac{2}{5} =$

08. $\dfrac{13}{15} - \dfrac{2}{3} - \dfrac{1}{5} =$

※ 이번에도 1~4번 문제와 5~8번 문제는 같은 문제입니다. 푸는 과정이 다르지만 값은 같은 값이 나와야 겠지요^^ 어떻게 푸는 것이 더 쉬웠나요?

소리내 풀기 아래 세 분수를
앞의 두 분수부터 차례로 계산하는 방법으로 계산하세요.

01. $\dfrac{2}{3} + \dfrac{1}{4} + \dfrac{1}{2} =$

02. $\dfrac{1}{2} + \dfrac{3}{5} + \dfrac{5}{6} =$

03. $\dfrac{3}{4} - \dfrac{1}{8} + \dfrac{2}{3} =$

04. $\dfrac{4}{5} + \dfrac{1}{2} - \dfrac{7}{20} =$

05. $\dfrac{3}{4} - \dfrac{5}{12} + \dfrac{5}{6} =$

소리내 풀기 아래 세 분수를
한꺼번에 통분하는 방법으로 계산하세요.

06. $\dfrac{3}{5} + \dfrac{5}{6} - \dfrac{1}{2} =$

07. $\dfrac{2}{9} + \dfrac{3}{4} - \dfrac{1}{3} =$

08. $\dfrac{5}{12} + \dfrac{1}{10} + \dfrac{2}{5} =$

09. $\dfrac{7}{8} - \dfrac{4}{5} + \dfrac{1}{4} =$

10. $\dfrac{17}{18} - \dfrac{1}{3} - \dfrac{4}{9} =$

 방법 ① 앞의 두 분수부터 차례로 계산합니다.

$$1\frac{1}{2} + \frac{2}{3} - \frac{2}{9} = \left(\frac{3}{2} + \frac{2}{3}\right) - \frac{2}{9}$$ 대분수를 가분수로 바꿔줍니다.

$$= \left(\frac{9}{6} + \frac{4}{6}\right) - \frac{2}{9}$$ 앞의 두 분수를 계산합니다.

$$= \frac{13}{6} - \frac{2}{9} = \frac{39}{18} - \frac{4}{18}$$ 뒤의 분수를 계산합니다.

$$= \frac{35}{18} = 1\frac{17}{18}$$ 약분 가능하면 약분하고 대분수는 가분수로 바꿔 줍니다.

방법 ② 세 분수를 한꺼번에 통분하여 계산합니다.

$$1\frac{1}{2} + \frac{2}{3} - \frac{2}{9} = \frac{3}{2} + \frac{2}{3} - \frac{2}{9}$$ 대분수가 있으면 가분수로 바꿔줍니다.

$$= \frac{27}{18} + \frac{12}{18} - \frac{4}{18}$$ 2,3,9의 최소공배수 = 18 분모가 18인 분수로 통분합니다.

$$= \frac{35}{18} = 1\frac{17}{18}$$ 약분 가능하면 약분하고 대분수는 가분수로 바꿔 줍니다.

※ 대분수의 자연수끼리 계산하고, 분수끼리 계산해도 됩니다.
  이때, 부분 부분에서 빼지 못할때 자연수 부분에서 1을 빌려와 계산하면 됩니다.

 앞의 두 분수부터 차례로 계산하는 방법으로
아래 세 분수를 계산해 보세요.

01. $\dfrac{3}{4} + 3\dfrac{1}{2} - \dfrac{3}{8} =$

02. $1\dfrac{2}{5} - \dfrac{4}{15} + 2\dfrac{1}{3} =$

03. $2\dfrac{1}{2} + 1\dfrac{5}{6} - 3\dfrac{3}{4} =$

세 분수를 한꺼번에 통분하는 방법으로
아래 세 분수를 계산해 보세요.

04. $\dfrac{3}{4} + 3\dfrac{1}{2} - \dfrac{3}{8} =$

05. $1\dfrac{2}{5} - \dfrac{4}{15} + 2\dfrac{1}{3} =$

06. $2\dfrac{1}{2} + 1\dfrac{5}{6} - 3\dfrac{3}{4} =$

※ 덧셈만 있는 세분수의 계산은 자연수 부분과 분수 부분을 따로 계산해도 되지만, 뺄셈은 분수 부분에서 뺄 수 없을때도 있습니다.
  지금은 가분수로 만들어 계산하는 방법으로 충분히 연습하도록 합니다.

 소리내 풀기 자신이 편한 방법으로 아래 세분수를 계산하여 값을 적으세요.

01. $1\dfrac{1}{3} - \dfrac{1}{2} - \dfrac{1}{9} =$

02. $\dfrac{5}{6} + 3\dfrac{1}{3} - \dfrac{5}{12} =$

03. $\dfrac{3}{20} + \dfrac{7}{10} + 2\dfrac{3}{4} =$

04. $1\dfrac{4}{7} - \dfrac{3}{14} + 2\dfrac{1}{2} =$

05. $3\dfrac{1}{8} - 1\dfrac{1}{2} - \dfrac{5}{6} =$

06. $2\dfrac{1}{2} - 1\dfrac{1}{6} + 3\dfrac{1}{5} =$

07. $1\dfrac{1}{9} + 2\dfrac{2}{3} - 1\dfrac{5}{18} =$

 자신이 편한 방법으로 아래 세분수를 계산하여 값을 적으세요.

01. $2\dfrac{3}{4} - \dfrac{1}{2} - \dfrac{7}{8} =$

02. $\dfrac{3}{10} + 3\dfrac{2}{5} - \dfrac{4}{15} =$

03. $\dfrac{5}{12} + \dfrac{1}{6} + 2\dfrac{2}{3} =$

04. $1\dfrac{3}{5} - \dfrac{9}{10} + 4\dfrac{1}{2} =$

05. $5\dfrac{1}{4} - 2\dfrac{5}{12} - \dfrac{3}{8} =$

06. $1\dfrac{2}{3} + 3\dfrac{3}{4} - 2\dfrac{1}{6} =$

07. $4\dfrac{1}{2} - 1\dfrac{3}{20} - 2\dfrac{4}{5} =$

확인 (틀린 문제의 수를 적고, 약한 부분을 보충하세요.)

회차	틀린문제수
91 회	문제
92 회	문제
93 회	문제
94 회	문제
95 회	문제

오답노트 (앞에서 틀린 문제나 기억하고 싶은 문제를 적습니다.)

회	번
문제	풀이

회	번
문제	풀이

회	번
문제	풀이

회	번
문제	풀이

회	번
문제	풀이

생각해보기

앞에서 배운 5회차 내용이 모두 이해 되었나요?

1. 모두 이해되고 자신있다. → 다음 회로 넘어 갑니다.

2. 2~3문제 틀릴 수는 있겠지만 거의 이해한다.
   → 개념부분을 한번 더 읽고 다음 회로 넘어 갑니다.

3. 잘 모르는 것 같다.
   → 개념부분과 틀린문제를 한번 더 보고 다음 회로 넘어 갑니다.

틀린 문제가 있었다면 왜 틀렸을거라고 생각합니까?

1. 개념 설명이 어려워서 잘 모르겠다.   2. 다 아는데 실수한 것 같다.

3. 빨리 끝내고 싶어서 집중할 수가 없다.   4. 하기 싫어서....

96 원주와 원주율

 원주 : 원의 둘레 또는 원주의 길이

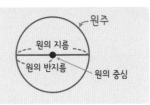

원주는 원의 둘레 이므로 원의 크기가 클수록 원주도 커집니다.

원주율 : 원주와 지름의 비

원주율 = 원주 ÷ 지름
= 3.141592...

원에서 원주율은 3.141592...로 항상 일정합니다.

원주율을 이용하여 **원주** 구하기

원주 = 지름 × 원주율
= 지름 × 3.14
= 반지름 × 2 × 3.14

모든 원의 원주율은 **3.141...** 이지만, 보통 반올림하여 **3.14** 또는 **3.1** 을 사용합니다.

원주율을 이용하여 **지름, 반지름** 구하기

원주 ÷ 지름 = 원주율
➡ **지름 = 원주 ÷ 원주율**
➡ **반지름 = 원주 ÷ 원주율 ÷ 2**

지름 ÷ 2 = 반지름 이므로 원주 ÷ 원주율 = 지름이 되고 그값 ÷ 2 = 반지름이 됩니다.

 아래는 원에 관한 문제입니다. 빈 칸을 채우세요.

01.

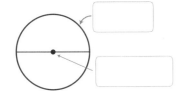

02. 원의 둘레의 길이를 [   ]라 하고,

지름 크기가 클수록 원의 둘레의 길이도 길어집니다.

03. 원주와 지름과의 비를 [   ]이라 하고,

지름이 1cm인 원의 원주를 소수 2째자리까지 적으면

[   ] cm가 됩니다.

04. 원주율은 3.141592... 와 같이 계속 나눠도 떨어지지

않습니다.

원주율을 소수 3재짜리에서 반올림하면 [   ]이

되고, 소수 2째자리에서 반올림하면 [   ]이 됩니다.

※ 모든 원은 그 원의 지름보다 **3.141592...**배 원주가 더 깁니다.
　문제에서 원주율을 **3.1**나 **3**으로 사용하기도 합니다.

 원주율이 3.14일때 아래 문제를 풀어보세요.

05.

원주 : ＿＿＿＿ cm

06.

원주 : ＿＿＿＿ cm

07.

원주 : 31.4 cm

지름 : ＿＿＿＿ cm

08.

원주 : 12.56 cm

반지름 : ＿＿＿＿ cm

※ 원의 지름이나, 반지름을 알면 원주를 알 수 있고,
　원주를 알면 그 원의 지름과 반지름을 알 수 있습니다.

이어서 나는 [   ]을(를) 공부/연습할거야!!

소리내 풀기 원주율이 3.14일때, 아래 원을 보고, 원주를 구하세요.

01.
3 cm

원주 : ____ cm

02.
5 cm

원주 : ____ cm

03.
8 cm

원주 : ____ cm

04.
4.5 cm

원주 : ____ cm

05.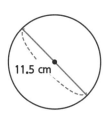
11.5 cm

원주 : ____ cm

소리내 풀기 원주율이 3.14일때 아래 원의 지름, 반지름을 구하세요.

06.
원주 : 21.98 cm

지름 : ____ cm
반지름 : ____ cm

07.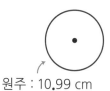
원주 : 10.99 cm

지름 : ____ cm
반지름 : ____ cm

08.
원주 : 28.26 cm

지름 : ____ cm
반지름 : ____ cm

09. 원주 : 3.14 cm인 원

지름 : ____ cm
반지름 : ____ cm

10.
원주 : 34.54 cm

지름 : ____ cm
반지름 : ____ cm

98 원의 넓이

원을 한없이 잘게 잘라 이어 붙이면 직사각형이 되므로
원의 넓이는 직사각형의 넓이를 구하는 방법으로 구합니다.

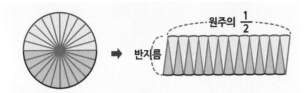

등분한 원을 서로 엇갈리게 붙이면, 길이는 원주의 반이 되고,
높이는 반지름이 됩니다.
그림에서는 원을 24조각 내어 붙여서 높이가 달라보이지만,
원을 2400조각이상으로 잘라 붙여보면 높이는 반지름과 같아집니다.

원의 넓이 구하는 공식

$$원의\ 넓이 = (원주 \times \frac{1}{2}) \times 반지름$$

$$= (지름 \times 원주율 \times \frac{1}{2}) \times 반지름$$

$$= (반지름) \times 반지름 \times (원주율)$$

원주 = 지름 × 원주율 이고, 반지름은 지름의 $\frac{1}{2}$ 이므로,
식은 3가지로 나타낼 수 있습니다..
결국 원의 지름, 반지름, 원주 중 1가지만 알면 원의 넓이도 구할 수 있습니다.

아래는 원에 관한 문제입니다.
빈 칸을 채우세요.

01.

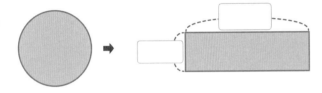

02. 원의 넓이 = ☐ × $\frac{1}{2}$ × ☐

= 지름 × 원주율 × $\frac{1}{2}$ × ☐

= ☐ × ☐ × 원주율

03. 원의 넓이를 구하는 방법은 잘게 잘라 붙여서 구하므로

높이가 되는 ☐ 을 구하는 것이 가장 중요합니다.

간단히 원의 넓이 = 반지름 × 반지름 × 3.14 로 외웁니다.

※ 원의 지름, 반지름, 원주, 원의 넓이 한가지만 알아도

식을 변형하여 어떤 값이든 구할 수 있습니다.

원주율이 3.14 일때 아래 문제를 풀어보세요.

04.

6cm

원의 넓이 : ＿＿＿＿ cm²

05.

1cm

원의 넓이 : ＿＿＿＿ cm²

06.

원주 : 25.12 cm

원의 넓이 : ＿＿＿＿ cm²

07.

원주 : 15.7 cm

원의 넓이 : ＿＿＿＿ cm²

※ 반지름 = 원주 ÷ 원주율 ÷ 2이므로,
원주를 알면 반지름을 알 수 있고, 반지름을 알면 넓이를 구할 수 있습니다.

99 원의 넓이 (연습)

 아래 원의 지름과 반지름을 보고, 넓이를 구하세요.
(원주율은 3.14 로 계산합니다.)

01.

넓이 : _____ cm²

02.

넓이 : _____ cm²

03.

넓이 : _____ cm²

04.

넓이 : _____ cm²

05.

넓이 : _____ cm²

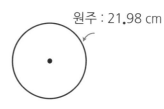 아래 원의 원주를 보고, 반지름과 넓이를 구하세요.
(원주율은 3.14 로 계산합니다.)

06. 원주 : 21.98 cm

반지름 : _____ cm

넓이 : _____ cm²

07.

반지름 : _____ cm

넓이 : _____ cm²

원주 : 12.56 cm

08.

반지름 : _____ cm

넓이 : _____ cm²

원주는 28.26 cm입니다.

09. 원주 : 3.14 cm인 원

반지름 : _____ cm

넓이 : _____ cm²

10.

반지름 : _____ cm

넓이 : _____ cm²

원주 : 37.68 cm

🍎 소리내 풀기

아래 원의 지름과 반지름을 보고,
원주와 넓이를 구하세요. (원주율은 3.14 로 계산합니다.)

🍎 소리내 풀기

아래 원의 원주를 보고,
반지름과 넓이를 구하세요. (원주율은 3.14 로 계산합니다.)

01.

5 cm

원주 : _____ cm

넓이 : _____ cm²

06.

원주는 6.28 cm입니다.

반지름 : _____ cm

넓이 : _____ cm²

02.

4.5 cm

원주 : _____ cm

넓이 : _____ cm²

07.

원주 : 43.96 cm

반지름 : _____ cm

넓이 : _____ cm²

03.

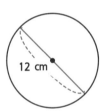
12 cm

원주 : _____ cm

넓이 : _____ cm²

08.

원주 : 56.52 cm

반지름 : _____ cm

넓이 : _____ cm²

04.

4 cm

원주 : _____ cm

넓이 : _____ cm²

09.

원주 : 62.8 cm

반지름 : _____ cm

넓이 : _____ cm²

05.

11 cm

원주 : _____ cm

넓이 : _____ cm²

10.

원주 : 21.98 cm인 원

반지름 : _____ cm

넓이 : _____ cm²

확인 (틀린 문제의 수를 적고, 약한 부분을 보충하세요.)

회차	틀린문제수
96 회	문제
97 회	문제
98 회	문제
99 회	문제
100 회	문제

생각해보기

앞에서 배운 5회차 내용이 모두 이해 되었나요?

1. 모두 이해되고 자신있다. → 다음 회로 넘어 갑니다.

2. 2~3문제 틀릴 수는 있겠지만 거의 이해한다.
   → 개념부분을 한번 더 읽고 다음 회로 넘어 갑니다.

3. 잘 모르는 것 같다.
   → 개념부분과 틀린문제를 한번 더 보고 다음 회로 넘어 갑니다.

틀린 문제가 있었다면 왜 틀렸을거라고 생각합니까?

1. 개념 설명이 어려워서 잘 모르겠다.   2. 다 아는데 실수한 것 같다.

3. 빨리 끝내고 싶어서 집중할 수가 없다.   4. 하기 싫어서....

오답노트 (앞에서 틀린 문제나 기억하고 싶은 문제를 적습니다.)

회	번
문제	풀이

회	번
문제	풀이

회	번
문제	풀이

회	번
문제	풀이

회	번
문제	풀이

스스로 알아서 하는

하루 10분 수학

계산편

11 단계 총정리문제

6 학년 1 학기 과정 8 회분

 분모를 통분하여 계산하는 방법으로 계산하세요.

01. $\dfrac{1}{2} \div \dfrac{3}{4} = \dfrac{\square}{4} \div \dfrac{\square}{4} = \square \div \square = \dfrac{\square}{\square}$

02. $4 \div \dfrac{2}{5} =$

03. $\dfrac{5}{6} \div 1 =$

04. $\dfrac{7}{9} \div \dfrac{7}{8} =$

05. $\dfrac{2}{3} \div \dfrac{1}{6} =$

06. $2\dfrac{5}{8} \div \dfrac{3}{4} =$

07. $\dfrac{1}{4} \div 2\dfrac{5}{6} =$

08. $1\dfrac{3}{12} \div 3\dfrac{1}{3} =$

 곱셈으로 고쳐서 계산하세요.

09. $\dfrac{2}{3} \div \dfrac{4}{9} = \dfrac{\square}{\square} \times \dfrac{\square}{\square} = \square$

10. $9 \div \dfrac{3}{4} =$

11. $\dfrac{5}{12} \div 25 =$

12. $\dfrac{5}{18} \div \dfrac{5}{6} =$

13. $\dfrac{3}{7} \div \dfrac{1}{2} =$

14. $3\dfrac{3}{4} \div \dfrac{5}{16} =$

15. $\dfrac{6}{25} \div 2\dfrac{2}{9} =$

16. $3\dfrac{3}{8} \div 3\dfrac{3}{4} =$

※ 문제를 푸는 방법은 여러가지 일 수 있습니다.
　 문제에서 시키는 방법으로 풀어보고, 어떤 방법이 더 쉬운지 생각해 봅니다.

※ 문제를 풀때는 순서대로 예쁘게 적으면서 풉니다.
　 문제를 푼 후에 검산할 수 있을 정도로 정성들여 풀도록 합니다.

 소리내 풀기
아래 소수의 나눗셈을 분수로 고쳐서 계산하는 방법으로
계산하여 몫을 소수로 구하세요.

01. $0.12 ÷ 0.4 = \dfrac{\boxed{}}{10} ÷ \dfrac{\boxed{}}{10} = \boxed{} ÷ \boxed{} = \boxed{}$

02. $0.36 ÷ 0.3 = \dfrac{\boxed{}}{\boxed{}} ÷ \dfrac{\boxed{}}{\boxed{}} = \boxed{} ÷ \boxed{} = \boxed{}$

03. $1.02 ÷ 0.6 = \dfrac{\boxed{}}{\boxed{}} ÷ \dfrac{\boxed{}}{\boxed{}} = \boxed{} ÷ \boxed{} = \boxed{}$

04. $0.208 ÷ 1.3 = \dfrac{\boxed{}}{10} ÷ \dfrac{\boxed{}}{10} = \boxed{} ÷ \boxed{} = \boxed{}$

05. $0.384 ÷ 0.16 = \dfrac{\boxed{}}{\boxed{}} ÷ \dfrac{\boxed{}}{100} = \boxed{} ÷ \boxed{} = \boxed{}$

06. $1.8 ÷ 0.45 = \dfrac{\boxed{}}{\boxed{}} ÷ \dfrac{\boxed{}}{\boxed{}} = \boxed{} ÷ \boxed{} = \boxed{}$

07. $3.2 ÷ 0.25 = \dfrac{\boxed{}}{\boxed{}} ÷ \dfrac{\boxed{}}{\boxed{}} = \boxed{} ÷ \boxed{} = \boxed{}$

08. $0.42 ÷ 0.175 = \dfrac{\boxed{}}{\boxed{}} ÷ \dfrac{\boxed{}}{\boxed{}} = \boxed{} ÷ \boxed{} = \boxed{}$

 소리내 풀기
아래 소수의 나눗셈을 소수점을 옮겨
세로로 계산하는 방법으로 몫을 구하세요.

09. $0.72 ÷ 2.4 = \boxed{} ÷ \boxed{} = \boxed{}$

10. $1.35 ÷ 0.9 = \boxed{} ÷ \boxed{} = \boxed{}$

11. $0.728 ÷ 2.6 = \boxed{} ÷ \boxed{} = \boxed{}$

12. $1.428 ÷ 0.34 = \boxed{} ÷ \boxed{} = \boxed{}$

13. $2.806 ÷ 1.22 = \boxed{} ÷ \boxed{} = \boxed{}$

※ 자릿수가 다른 소수의 나눗셈은 나누는 수가 자연수가 되도록 두 소수를 똑같은 수만큼 오른쪽으로 이동해 계산합니다.

소수 2째자리까지 몫을 구하고, 그 몫과 나머지를 이용하여 검산하세요.

01. $2.8 \div 8 =$ [   ] $\cdots$ [   ]

$8\,)\,\overline{2.8}$

검산)

02. $10.7 \div 9 =$ [   ] $\cdots$ [   ]

검산)

03. $4.2 \div 13 =$ [   ] $\cdots$ [   ]

검산)

04. $1.08 \div 5.6 =$ [   ] $\cdots$ [   ]

$56\,)\,\overline{1\ 0.8}$

검산)

05. $1.29 \div 2.1 =$ [   ] $\cdots$ [   ]

검산)

06. $4.03 \div 3.9 =$ [   ] $\cdots$ [   ]

검산)

07. $2.2 \div 2.5 =$ [   ] $\cdots$ [   ]

검산)

08. $0.98 \div 4.2 =$ [   ] $\cdots$ [   ]

검산)

09. $15.7 \div 3.6 =$ [   ] $\cdots$ [   ]

검산)

아래 직육면체와 정육면체의 겉넓이와 부피를 구하세요.

01.
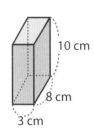
10 cm
8 cm
3 cm

겉넓이 : _____ cm²

부피 : _____ cm³

05.
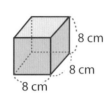
8 cm
8 cm
8 cm

겉넓이 : _____ cm

부피 : _____ cm

02.
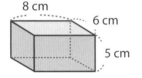
8 cm
6 cm
5 cm

겉넓이 : _____ cm²

부피 : _____ cm³

06.
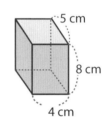
5 cm
8 cm
4 cm

겉넓이 : _____ cm

부피 : _____ cm

03.
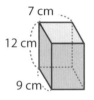
7 cm
12 cm
9 cm

겉넓이 : _____ cm²

부피 : _____ cm³

07.
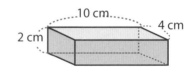
10 cm
4 cm
2 cm

겉넓이 : _____ cm

부피 : _____ cm

04.
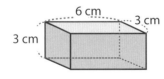
6 cm
3 cm
3 cm

겉넓이 : _____ cm²

부피 : _____ cm³

08.
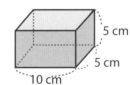
5 cm
5 cm
10 cm

겉넓이 : _____ cm

부피 : _____ cm

105 총정리 5 (비와 비율)

소리내 풀기 비를 보고 기준량을 적으세요.

01. 1 : 5 → 기준량 : _____

02. 9 : 8 → 기준량 : _____

03. 4 : 6 → 기준량 : _____

04. 맞은 개수에 대한 틀린 개수의 비
→ 기준량 : _____

05. 국어 점수에 대한 영어 점수의 비
→ 기준량 : _____

06. (장미 꽃의 수) : (호박꽃의 수)
→ 기준량 : _____

07. 남학생 수에 대한 여학생 수에 대한 비
→ 기준량 : _____

08. 착한 사람 수에 대한 못된 사람 수에 대한 비
→ 기준량 : _____

09. 서울에 사는 사람 수에 대한 부산에 사는 사람 수에 대한 비
→ 기준량 : _____

10. 1반 학생 수에 대한 2반 학생수에 대한 비
→ 기준량 : _____

소리내 풀기 아래는 "비"에 대한 내용입니다.
위의 그림을 비로 나타내고, 읽는 방법을 적으세요.

	비	기준량	비교하는 양	비의 값 (비율)	
				분수	소수
11.	4 : 5				
12.	5 : 4				

	비	기준량	비교하는 양	비의 값 (비율)	
				분수	소수
13.	8 대 20				
14.	10 대 2				

	비	기준량	비교하는 양	비의 값 (비율)	
				분수	소수
15.	10 에 대한 5 의 비				
16.	8 에 대한 16 의 비				

	비	기준량	비교하는 양	비의 값 (비율)	
				분수	소수
17.	100의 25에 대한 비				
18.	4의 20에 대한 비				

	비	기준량	비교하는 양	비의 값 (비율)	
				분수	소수
19.	45 에 대한 18 의 비				
20.	60의 20에 대한 비				

※ 비율(비의 값)을 분수로 구할때, 분수가 약분이 가능하면
꼭 분수 부분을 약분하여 기약분수로 적어야 합니다.

 기준량과 비율을 보고, 비교하는 양을 구하세요.

01. 기준량 : **40** , 비율 : **25** %일때,

비교하는 양 = ☐ × $\dfrac{☐}{100}$ = ☐

➡ **40** 명의 **25** %인 ☐ 명이 상을 받았다.
　　기준량　　비율　　비교하는 양

02. 기준량 : **170** , 비율 : **0.9** 일때,

비교하는 양 =

➡ **170** cm의 **0.9** 인 ☐ cm 까지 키가 컸다.

03. 기준량 : **35000** , 비율 : $\dfrac{7}{10}$ 일때,

비교하는 양 =

➡ **35000** 원의 $\dfrac{7}{10}$ 인 ☐ 원을 써 버렸다.

04. 기준량 : **365** , 비율 : **0.2** 일때,

비교하는 양 =

➡ 1년 **365** 일 중 벌써 **0.2**는 ☐ 일 입니다.

 비교하는 양과 비율을 보고, 기준량을 구하세요.

05. 비교하는 양 : **130** , 비율 : **0.65** 일때,

기준량 = ☐ ÷ $\dfrac{☐}{☐}$ = ☐ × $\dfrac{☐}{☐}$ = ☐

➡ ☐ 명의 **0.65** 는 **130** 명 입니다.
　　기준량　　비율　　비교하는 양

06. 비교하는 양 : **15000** , 비율 : **60** % 일때,

기준량 =

➡ ☐ 원의 **60** %는 **15000** 원 입니다.

07. 비교하는 양 : **70** , 비율 : $\dfrac{7}{20}$ 일때,

기준량 =

➡ ☐ 개의 $\dfrac{7}{20}$ 는 **70** 개 입니다.

08. 비교하는 양 : **146** , 비율 : **40** % 일때,

기준량 =

➡ ☐ 일의 **40** %는 **146** 일 입니다.

Mon   월   일

⊘   분   초

7 문제 중

문제 맞았어!

 소리내 풀기 자신이 편한 방법으로 아래 세분수를 계산하여 값을 적으세요.

01. $1\dfrac{1}{2} - \dfrac{1}{4} - \dfrac{5}{6} =$

02. $\dfrac{3}{5} + 4\dfrac{1}{10} - \dfrac{2}{3} =$

03. $\dfrac{5}{6} + \dfrac{1}{9} + 3\dfrac{2}{3} =$

04. $2\dfrac{1}{4} - \dfrac{7}{12} + 1\dfrac{3}{8} =$

05. $4\dfrac{11}{12} - 2\dfrac{2}{3} - \dfrac{3}{4} =$

06. $3\dfrac{1}{4} + 1\dfrac{5}{6} - 1\dfrac{1}{2} =$

07. $5\dfrac{3}{10} - 3\dfrac{1}{2} - 1\dfrac{4}{5} =$

이어서 나는 [   ] 을(를) 공부/연습할거야!!

 아래 원의 지름과 반지름을 보고,
원주와 넓이를 구하세요. (원주율은 3.14 로 계산합니다.)

01.

2 cm

넓이 : _____ cm²

02.

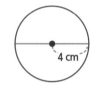
4 cm

넓이 : _____ cm²

03.

4 cm

넓이 : _____ cm²

04.

5 cm

넓이 : _____ cm²

05.

20 cm

넓이 : _____ cm²

아래 원의 원주를 보고,
반지름과 넓이를 구하세요. (원주율은 3.14 로 계산합니다.)

06.

원주는 3.14 cm입니다.

반지름 : _____ cm

넓이 : _____ cm

07.

원주 : 18.84 cm

반지름 : _____ cm

넓이 : _____ cm

08.

원주 : 9.42 cm

반지름 : _____ cm

넓이 : _____ cm

09.

원주 : 37.68 cm

반지름 : _____ cm

넓이 : _____ cm

10.

원주 : 15.70 cm인 원

반지름 : _____ cm

넓이 : _____ cm

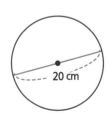

스스로 알아서 하는

하루 10분 수학

계산편

11단계

정답지

6학년 1학기 과정

O1회(12p)

01 3   02 6   03 9   04 20   05 54   06 16
07 63   08 24   09 40   10 40   11 48   12 36

오늘부터 하루10분수학을 꾸준히 정한 시간에 하도록 합니다.
위의 설명을 꼼꼼히 읽고, 그 방법대로 천천히 풀어봅니다.
빨리 푸는 것보다는 정확히 풀도록 노력하고,
틀린 문제나 중요한 문제는 책에 색연필로 표시하고,
오답노트를 작성하거나 5회가 끝나면 다시 보도록 합니다.

O2회(13p)

01 3   02 $\frac{2}{3}$ 03 3   04 $3\frac{1}{2}$ 05 2   06 $1\frac{1}{2}$
07 3   08 $\frac{2}{3}$ 09 3   10 $3\frac{1}{2}$ 11 4   12 $\frac{2}{3}$

O3회(14p)

01 $\frac{1}{9}$ 02 1   03 2   04 $2\frac{1}{3}$ 05 $\frac{3}{10}$
06 2   07 $\frac{1}{5}$ 08 $1\frac{2}{7}$ 09 5
10 3   11 3   12 $3\frac{2}{3}$ 13 3

O4회(15p)

01 $\frac{1}{7}$ 02 3   03 2   04 3   05 $\frac{5}{8}$
06 3   07 $\frac{1}{7}$ 08 7   09 $2\frac{1}{2}$
10 $\frac{3}{4}$ 11 $\frac{1}{5}$ 12 $4\frac{1}{3}$ 13 5

O5회(16p)

01 식) $\frac{3}{4} \div \frac{7}{8}$ 답) $\frac{6}{7}$ L

02 식) $\frac{6}{7} \div \frac{3}{14}$ 답) 4 개

03 식) $\frac{7}{9} \div \frac{2}{3}$ 답) $1\frac{1}{6}$ km

생각문제의 마지막 14번은 내가 만드는 문제입니다.
내가 친구나 동생에게 문제를 낸다면 어떤 문제를 낼지
생각해서 만들어 보세요. 다 만들고, 풀어서 답을 적은 후
부모님이나 선생님에게 잘 만들었는지 물어보고, 자랑해 보세요.
곰곰히 생각해서 좋은 문제를 만들어 보세요!!!

O6회(18p)

01 $\frac{3}{5}$ 02 $\frac{5}{8}$ 03 $\frac{2}{3}$ 04 $\frac{18}{25}$ 05 $\frac{5}{9}$ 06 $\frac{8}{15}$
07 $\frac{3}{5}$ 08 $\frac{5}{8}$ 09 $\frac{2}{3}$ 10 $\frac{18}{25}$ 11 $\frac{5}{9}$

O7회(19p)

01 $\frac{2}{3}$ 02 $\frac{3}{5}$ 03 $\frac{9}{10}$ 04 $\frac{4}{9}$
05 $\frac{20}{21}$ 06 $2\frac{2}{3}$ 07 3   08 $\frac{1}{6}$
09 $\frac{8}{9}$ 10 3   11 $1\frac{1}{2}$ 12 15
13 $\frac{2}{3}$ 14 $\frac{8}{15}$ 15 $\frac{5}{9}$ 16 $1\frac{1}{4}$

O8회(20p)

01 <   02 =   03 <   04 >   05 >
06 <   07 >   08 =   09 >   10 >   11 >

01 $\frac{3}{16}$ 02 6   03 $1\frac{1}{24}$ 04 $1\frac{1}{3}$ 05 $\frac{1}{28}$
06 $\frac{1}{2} < 1\frac{1}{3}$ 07 $\frac{2}{3} > \frac{2}{81}$ 08 $\frac{8}{15} = \frac{8}{15}$
09 $1\frac{2}{3} > \frac{3}{5}$ 10 $\frac{5}{8} > \frac{5}{16}$ 11 $1\frac{1}{2} > \frac{20}{21}$

O9회(21p)

01 8   02 $\frac{2}{27}$ 03 16   04 $2\frac{2}{9}$ 05 $1\frac{5}{7}$
06 8   07 $\frac{2}{15}$ 08 $\frac{5}{9}$ 09 4   10 $\frac{8}{9}$

10회(22p)

01 식) $\frac{8}{9} \div \frac{4}{27}$ 답) 6

02 식) $\frac{9}{10} \div \frac{5}{9}$ 답) $1\frac{31}{50}$

03 식) $\frac{3}{8} \div \frac{4}{15}$ 답) $1\frac{13}{32}$

11회(24p)

① 2　② $2\frac{2}{3}$　③ $4\frac{1}{2}$　④ 30

⑤ 5　⑥ 27　⑦ 2　⑧ $2\frac{2}{3}$

⑨ $4\frac{1}{2}$　⑩ 30　⑪ 5　⑫ 27

12회(25p)

① 3　② 10　③ $13\frac{1}{2}$　④ $4\frac{2}{3}$

⑤ 20　⑥ $3\frac{3}{5}$　⑦ 20　⑧ $10\frac{2}{7}$

⑨ 10　⑩ 12　⑪ 16　⑫ $8\frac{2}{5}$

⑬ $4\frac{1}{2}$　⑭ 12　⑮ $4\frac{1}{5}$　⑯ 18

13회(26p)

① $1\frac{1}{2}$　② $\frac{3}{5}$　③ $2\frac{1}{9}$　④ $\frac{3}{5}$

⑤ $1\frac{1}{2}$　⑥ $\frac{3}{5}$　⑦ $2\frac{1}{9}$

14회(27p)

① $7\frac{1}{3}$　② $\frac{7}{10}$　③ $\frac{16}{27}$　④ $2\frac{5}{8}$　⑤ $\frac{15}{16}$

⑥ $1\frac{3}{4}$　⑦ $\frac{1}{10}$　⑧ $2\frac{2}{5}$　⑨ $2\frac{2}{3}$

15회(28p)

① 식) $7\frac{1}{2} \div 1\frac{1}{4}$　답) 6 일

② 식) $3\frac{4}{5} \div 2\frac{8}{15}$　답) $1\frac{1}{2}$ 배

③ 식) $1\frac{2}{7} \div 3$　답) $\frac{3}{7}$ km

5회가 끝났습니다. 앞에서 말한 대로 확인페이지를 잘 적고,
념 부분과 내가 잘 틀리는 것을 꼭 확인해 봅니다.
상 복습하고, 틀린 부분이나 모자란 부분을 채우면
엇이든 잘 할 수 있습니다.

16회(30p)

① $\frac{2}{3}$　② 3　③ $\frac{3}{4}$　④ $\frac{8}{9}$

⑤ $\frac{5}{12}$　⑥ 6　⑦ $\frac{5}{18}$　⑧ $1\frac{17}{25}$

⑨ $\frac{1}{4}$　⑩ $5\frac{5}{8}$　⑪ $\frac{3}{14}$　⑫ $\frac{3}{4}$

⑬ $\frac{1}{3}$　⑭ $3\frac{1}{3}$　⑮ $\frac{9}{32}$　⑯ $1\frac{1}{9}$

17회(31p)

① $2\frac{4}{5}$　② $\frac{4}{9}$　③ $\frac{3}{8}$

④ $2\frac{1}{3}$　⑤ $1\frac{5}{16}$　⑥ $1\frac{1}{2}$

⑦ $\frac{5}{6}$　⑧ $1\frac{7}{20}$　⑨ $\frac{112}{117}$

18회(32p)

① $\frac{5}{12}$　② $3\frac{1}{2}$　③ $\frac{21}{76}$　④ $\frac{8}{21}$

⑤ $\frac{10}{33}$　⑥ $1\frac{1}{14}$　⑦ $1\frac{2}{5}$　⑧ $1\frac{2}{13}$

19회(33p)

① ① $14\frac{2}{5}$　② $\frac{9}{10}$　③ $\frac{1}{4}$　④ 4

② ① $1\frac{1}{3}$　② $\frac{1}{12}$　③ $\frac{1}{6}$　④ $2\frac{2}{3}$

③ ① $\frac{4}{45}$　② $\frac{2}{3}$　③ $2\frac{4}{7}$　④ $\frac{12}{35}$

④ ① $\frac{9}{10}$　② $9\frac{3}{5}$　③ $3\frac{11}{15}$　④ $\frac{7}{20}$

20회(34p)

① 식) $1\frac{3}{7} \div 3\frac{3}{4}$　답) $\frac{8}{21}$ cm

② 식) $2\frac{5}{8} \div 1\frac{1}{6}$　답) $2\frac{1}{4}$ cm

③ 식) $1\frac{1}{3} \div 5\frac{1}{3}$　답) $\frac{1}{4}$ m

21회(36p)

01 2.1　**02** 1.5　**03** 2.3　**04** 1.3

05 10.2　**06** 12.2　**07** 0.9　**08** 0.7

09 0.9　**10** 0.4　**11** 0.8　**12** 0.4

22회(37p)

01 1.6　**02** 3.9　**03** 1.7

04 10.3　**05** 11.3　**06** 12.3

07 0.7　**08** 0.9　**09** 0.8

23회(38p)

01 2.32　**02** 1.52　**03** 2.16　**04** 1.26

05 3.16　**06** 10.07　**07** 0.34　**08** 0.52

09 0.78　**10** 0.45　**11** 0.69　**12** 0.37

24회(39p)

01 2.36　**02** 4.19　**03** 1.59

04 4.24　**05** 3.28　**06** 5.63

07 0.89　**08** 0.76　**09** 0.53

25회(40p)

01 10.6　**02** 21.9　**03** 22.2　**04** 10.3

05 5.65　**06** 4.73　**07** 8.09　**08** 7.03

09 0.8　**10** 0.6　**11** 0.7　**12** 0.9

13 0.32　**14** 0.68　**15** 0.43　**16** 0.56

26회(42p)

01 0.65　**02** 0.25　**03** 0.55　**04** 0.66　**05** 0.15

06 5.45　**07** 3.52　**08** 2.65　**09** 6.15　**10** 8.35

27회(43p)

01 0.78　**02** 0.55　**03** 0.65

04 1.35　**05** 3.45　**06** 1.42

07 0.775　**08** 0.325　**09** 0.575

28회(44p)

01 0.5　**02** 0.15　**03** 0.75　**04** 1.5

05 3.75　**06** 2.25　**07** 0.5　**08** 1.25

09 0.46　**10** 1.2　**11** 1.75　**12** 2.15

29회(45p)

01 0.8　**02** 0.5　**03** 0.4

04 0.75　**05** 1.6　**06** 3.75

07 1.4　**08** 0.8　**09** 2.25

30회(46p)

01 1.25　**02** 0.82　**03** 3.825　**04** 3.95

05 1.5　**06** 0.8　**07** 0.25　**08** 0.75

09 0.175　**10** 0.425　**11** 0.325　**12** 0.725

13 0.875　**14** 0.375　**15** 0.575　**16** 1.125

벌써 25회까지 하였습니다. 정한 시간에 꾸준히 하고 있나요?
아침에 일어나서 학교 가기전에 해 보는 건 어떤가요?
공부는 누가 더 복습을 잘하는 가에 실력이 달라집니다.

31회(48p)

01 4　　02 5　　03 6　　04 9　　05 8

06 6　　07 5　　08 2　　09 3　　10 7

32회(49p)

01 6　　02 7　　03 4　　04 8

05 9　　06 6　　07 7　　08 15

09 8　　10 7　　11 4　　12 12　　13 21

33회(50p)

01 4　　02 5　　03 6

04 9　　05 8　　06 6

07 5　　08 2　　09 4　　10 7

34회(51p)

01 6　　02 7　　03 4　　04 8

05 9　　06 6　　07 12　　08 23

09 8　　10 7　　11 4　　12 13　　13 24

35회(52p)

01 식) 0.8 ÷ 0.4　답) 2 L

02 식) 3 ÷ 0.5　답) 6 개

03 식) 4.5 ÷ 1.8　답) 2.5 km

36회(54p)

01 0.4　02 0.5　03 0.6

04 0.7　05 0.8　06 4.4

07 0.3　08 2.5　09 0.04　10 3.2

37회(55p)

01 0.4　02 0.9　03 1.8　04 0.22

05 1.6　06 0.4　07 2.8　08 1.2

09 2.3　10 1.8　11 0.34　12 0.9　13 3.9

38회(56p)

01 5　　02 5　　03 8

04 4　　05 5　　06 24

07 5　　08 8　　09 4　　10 48

39회(57p)

01 5　　02 2　　03 12　　04 20

05 5　　06 15　　07 8　　08 50

09 4　　10 15　　11 20　　12 24　　13 88

40회(58p)

01 13, 13, 13　　　02 1.5, 0.15, 0.015

03 27.6, 2.76, 0.276　04 42, 0.2, 21

05 4, 4, 4　　　　　16 5.7, 57, 570

07 0.05, 0.5, 5　　　08 0.72, 80, 0.09

※ 04번 내가 만드는 문제도 잘 하고 있지요? 좋은 문제를
만들 수 있다는 건 확실히 이해하고 있다는 것입니다.
곰곰이 생각해서 문제를 만들어 풀어 봅니다.

벌써 30회까지 하였습니다. 정한 시간에 꾸준히 하고 있나요?
공부는 누가 더 복습을 잘하는 가에 실력이 달라집니다.

41회(60p) 🌱

01 8 … 0.1 **02** 3 … 1.1

03 3 … 1.5 **04** 2 … 4.9

05 6 … 0.06 **06** 8 … 0.22

42회(61p)

01 3 … 0.44 **02** 2 … 1.45

03 1 … 1.53 **04** 3 … 0.44

05 4 … 0.06 **06** 8 … 0.86

43회(62p)

01 0.2 … 2.9, 37×0.2+2.9=10.3

02 0.7 … 4.8, 53×0.7+4.8=41.9

03 1.2 … 0.2, 4.2×1.2+0.2=5.24

04 1.7 … 0.05, 3.6×1.7+0.05=6.17

05 3.6 … 0.16, 2.15×3.6+0.16=7.9

06 4.6 … 0.048, 1.12×4.6+0.048=5.2

44회(63p)

01 식) 6÷0.8   답) 7.5

02 식) 0.4÷0.25   답) 1.6

03 식) 1.5÷0.24   답) 6.25

45회(64p)

01 식) 7.5÷1.25   답) 6 일

02 식) 1.56÷1.3   답) 1.2 배

03 식) 4.68÷3.12 = 1.5 km   답) 1500 m

※ 위와 같이 글로된 문제를 풀때는 꼼꼼히 중요한 것을 적고,
깨끗이 순서대로 적으면서 푸는 연습을 합니다.
수학은 느낌으로 푸는 것이 아니라,
원리를 이용하여 차근차근 생각하면서 푸는 과목입니다.

46회(66p) 🌱

01 2.35, 2.35, 2.34 **02** 2.4, 2.3, 2.3 **03** 3, 2, 2

04

1.5	1.46
2.1	2.02
3 (3.0)	3.01

05

1	1.5
2	2 (2.0)
4	3.5
0	0.2

06

1.45	1
2.01	2
0.15	0

47회(67p)

01 0.83 **02** 0.78 **03** 0.62 **04** 1.71 **05** 0.58

06 0.17 **07** 0.09 **08** 0.14 **09** 0.27 **10** 0.22

11 1.285, 1.29 **12** 0.537, 0.54

48회(68p)

01 1.34 **02** 0.88 **03** 0.43 **04** 1.78

05 1.13 **06** 0.36 **07** 0.47 **08** 0.94

09 1.333, 1.34 **10** 0.666, 0.67 **11** 0.875, 0.88

12 0.112, 0.12 **13** 0.575, 0.58 **14** 0.585, 0.59

49회(69p)

01 0.27 **02** 2.14 **03** 7.52 **04** 3.46

05 3.33 **06** 1.78 **07** 0.05 **08** 1.42

09 6.666, 6.67 **10** 0.742, 0.74 **11** 10.666, 10.67

12 58.333, 58.33 **13** 0.698, 0.7 **14** 0.137, 0.14
                                              (0.70)

50회(70p)

01 식) 2.16÷1.5   답) 1.44 m

02 식) 0.492÷0.12   답) 4.1 m

03 식) 3.9÷0.25   답) 15.6 m

※ 부지불식 일취월장 – 자신도 모르게 성장하고 발전한다.
꾸준히 무엇인가를 하다보면 어느 순간 달라진 나 자신을
발견하게 됩니다.
공부에 기적은 없습니다. 공부에도 가속도가 붙습니다.

51회(72p)

01 각기둥   **02** 밑면, 옆면, 모서리, 꼭짓점, 높이

03 전개도, 실, 점, 여러가지   **04** 같, 사각형, 같

52회(73p)

01 각뿔   **02** 밑면, 옆면, 모서리, 꼭짓점,각뿔의 꼭지점, 높이

03 전개도, 실, 점, 여러가지   **04** 각뿔의 전개도, 삼각형, 같습, 1

53회(74p)

01

삼각기둥	사각기둥	오각기둥	★각기둥
5	6	7	★+2
6	8	10	★×2
9	12	15	★×3

02 팔각기둥, 10, 16, 24

03 십각기둥, 12, 20, 30

04

삼각뿔	사각뿔	오각뿔	★뿔
4	5	6	★+1
4	5	6	★+1
6	8	10	★×2

05 팔각뿔, 9, 9, 16

06 십각뿔, 11, 11, 20

54회(75p)

01

5	6	7	★+2
6	8	10	★×2
9	12	15	★×3
14	18	22	(★+2)+(★×3)

02 15, 17

03 9, 구각기둥

04

4	5	6	★+1
4	5	6	★+1
6	8	10	★×2
10	13	16	(★+1)+(★×2)

05 13, 14

06 4, 사각뿔

55회(76p)

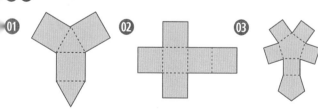
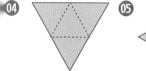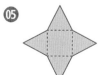

※ 크기와 방향과 위치는 달라도 되지만, 모든 변의 길이가 같아야 합니다.

56회(78p)

02 1, 1 제곱미터

03 ① 1m² ② 1m² ③ 2.25m² ④ 10000cm² = 1m²

05 a, 300   **06** 4, 5000   **07** 60000, 7, 80

08 1, 1, 2.25

57회(79p)

02 ha, 30000   **03** 4, 50000   **04** 600000, 7, 8000

05 1, 1, 4

07 km², 3000000   **08** 0.4, 15000000

09 6000000, 0.7, 800000   **10** 1, 1, 4

58회(80p)

01 1아르, 1헥타르, 1제곱킬로미터   **02** m², a, ha, km²

03 1a, 1ha, 1km²   **04** a, ha, km²

05 800, 80000, 8000000   **06** 50000, 500, 5

07 3000, 300000, 0.3   **08** 90000, 9, 0.09

09 600000

59회(81p)

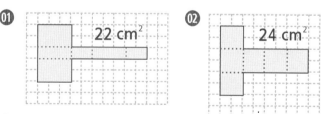

01 22 cm²   **02** 24 cm²

03 88   **04** 596   **05** 1078   **06** 294

60회(82p)

01 54   **02** 52

03 286   **04** 270   **05** 600   **06** 158   **07** 544

※ (밑면의 넓이×2) + (앞면의 넓이×2) + (옆면의 넓이×2)

= (밑면의 넓이 + 앞면의 넓이 + 옆면의 넓이) × 2

61회(84p)

02 1, 1 세제곱센티미터   04 1, 1 세제곱미터

05 10000   06 1000000   07 cm^2, cm^3

08 m^2, m^3 09 2000000, 300000, 50000

10 3, 0.5, 0.07

62회(85p)

01 6, 6 (3×2×1)   02 27, 27

03 48   04 840   05 1938   06 343

63회(86p)

01 125, 125 (5×5×5)   02 4, 4

03 360   04 56   05 1728   06 1104   07 231

64회(87p)

01 96, 64   02 32, 12

03 384, 512   04 746, 1320   05 220, 200

06 198, 162   07 72, 36

65회(88p)

01 158, 120   02 148, 120

03 166, 140   04 288, 288

05 600, 1000   06 750, 1350

07 600, 800   08 1000, 2000

66회(90p)

01 나눗셈   02 2, 5, 4   03 1.25, 1.5, 0.75

04 비   05 3:4, 4:3   06 (7,3), (3,7), (7,3), (7,3)

07 (4,1), (4,1), (1,4), (4,1), (4,1)

67회(91p)

01 (11,12), (11,12), (11,12), (11,12)

02 (13,14), (13,14), (13,14), (13,14)

03 (11,14), (14,11), (11,14), (11,14)

04 (13,12), (12,13), (13,12), (13,12)

05 (2,3), (2,3), (3,2), (2,3), (2,3)

06 (4,9), (4,9), (9,4), (4,9), (4,9)

07 8대11, 11에 대한 8의 비, 8의 11에대한 비, 8과 11의 비

08 17대5, 5에 대한 17의 비, 17의 5에대한 비, 17과 5의 비

68회(92p)

01 4   02 9   03 껌의 수   04 영어점수의 수   05 나비의 수

06 여자 수   07 참석한 사람 수

08 2, 1, $\frac{1}{2}$, 0.5   12 15, 6, $\frac{2}{5}$, 0.4

09 1, 2, 2, 2   13 6, 15, $2\frac{1}{2}$, 2.5

10 5, 4, $\frac{4}{5}$, 0.8   14 20, 100, 5, 5

11 4, 5, $1\frac{1}{4}$, 1.25   15 100, 20, $\frac{1}{5}$, 0.2

69회(93p)

01 6   02 9   03 100   04 빵의 수   05 못하는 것의 수

06 지우개의 수   07 남자의 수   08 오늘 참석한 사람 수

09 전체 회원 수   10 가스 검침을 한 세대 수

11 3, 6, 2, 2   12 6, 3, $\frac{1}{2}$, 0.5

13 4, 16, 4, 4   14 16, 4, $\frac{1}{4}$, 0.25

15 8, 20, $2\frac{1}{2}$, 2.5   16 20, 8, $\frac{2}{5}$, 0.4

17 10, 50, 5, 5   18 50, 10, $\frac{1}{5}$, 0.2

19 25, 20, $\frac{4}{5}$, 0.8   20 20, 25, $1\frac{1}{4}$, 1.25

70회(94p)

01 식) 10 ÷ 16   답) 0.625

02 식) 6 ÷ 15   답) $\frac{2}{5}$

03 식) 3000 ÷ 5000   답) 0.6

04번 내가 만드는 문제도 잘 하고 있지요?
좋은 문제를 만들 수 있다는 건 확실히 이해하고 있다는 것입니다.
곰곰이 생각해서 문제를 만들어 풀어 봅니다.

71회(96p)

01 25 **02** 170 **03** 40 **04** 70 **05** 150

06 3, 100, 37.5, 337.5 **07** 2, 100, 8, 408

08 0.35 **09** 0.15 **10** 1.7 **11** 2.01

12 100, 100, $\frac{1}{20}$ **13** 100, 100, $\frac{3}{20}$

14 100, $\frac{25}{100}$, $\frac{1}{4}$ **15** 100, $\frac{340}{100}$, $3\frac{2}{5}$

72회(97p)

01 80 **02** 15 **03** 25 **04** 70 **05** 37.5

06 20 **07** 60 **08** 32 **09** 60 **10** 46

73회(98p)

01 $\frac{1}{3}$, 33 **02** $\frac{1}{2}$ ($= \frac{3}{6}$, 50) **03** $\frac{1}{4}$, 25

04 37 **05** 66 **06** 83 **07** 37 **08** 32

74회(99p)

01 6 **02** 2000 **03** 32

04 8000 **05** 30 **06** 20

75회(100p)

01 27 **02** 140 **03** 25000 **04** 750

05 500 **06** 18000 **07** 27 **08** 8000

76회(102p)

01 식) 25 × 20% (25 × 0.2)   답) 5 골

02 식) 15 × 40% (15 × 0.4)   답) 6 명

03 식) 32 × 25% (32 × 0.25)   답) 8 대

77회(103p)

01 식) 4 ÷ 20% (4 ÷ 0.2)   답) 20 번

02 식) 9 ÷ 45% (9 ÷ 0.45)   답) 20 명

03 식) 3500 ÷ 70% (3500 ÷ 0.7)   답) 5000 원

78회(104p)

01 20 **02** 10 **03** 12 **04** 20 **05** 15

06 27 **07** 24 **08** 32 **09** 56 **10** 14

79회(105p)

01 25 **02** 39 **03** 77 **04** 252 **05** 5

06 14 **07** 5 **08** 36 **09** 48 **10** 32

80회(106p)

01 직사각형, 48 8×6

02 평행사변형, 63 9×7

03 삼각형, 10 5×4÷2

04 사다리꼴, 36 (3+9)×6÷2

05 마름모, 22.5 (5×9÷2)

06 정사각형, 100 10×10

07 삼각형, 63 (14×9)÷2

08 마름모, 80 (10×16)÷2

09 평행사변형, 156 13×12

10 사다리꼴, 135 (12+15)×10÷2

81회 (108p)

① $\dfrac{7}{12}$　② $\dfrac{31}{36}$　③ $\dfrac{31}{40}$

④ $\dfrac{2}{3}$　⑤ $\dfrac{1}{2}$　⑥ $\dfrac{5}{6}$

86회 (108p)

① $\dfrac{1}{12}$　② $\dfrac{23}{36}$　③ $\dfrac{1}{40}$

④ $\dfrac{1}{3}$　⑤ $\dfrac{1}{2}$　⑥ $\dfrac{2}{3}$

82회 (109p)

① $4\dfrac{2}{9}$　② $2\dfrac{1}{6}$　③ $5\dfrac{1}{3}$　④ $3\dfrac{1}{18}$

⑤ $4\dfrac{2}{9}$　⑥ $2\dfrac{1}{6}$　⑦ $5\dfrac{1}{3}$　⑧ $3\dfrac{1}{18}$

87회 (109p)

① $1\dfrac{5}{9}$　② $1\dfrac{1}{3}$　③ $1\dfrac{1}{7}$　④ $3\dfrac{1}{9}$

⑤ $1\dfrac{5}{9}$　⑥ $1\dfrac{1}{3}$　⑦ $1\dfrac{1}{7}$　⑧ $3\dfrac{1}{9}$

1~4번 문제와 5~8번 문제는 푸는 방법이 다릅니다.
두가지 모든 방법으로 풀 수 있어야 합니다.

이번 뺄셈 문제도 양 옆의 문제가 푸는 방법이 다릅니다.
두가지 모든 방법으로 풀 수 있어야 합니다.

83회 (110p)

① $3\dfrac{3}{4}$　② $3\dfrac{1}{7}$　③ $3\dfrac{3}{8}$　④ $6\dfrac{8}{21}$　⑤ $4\dfrac{3}{28}$　⑥ $5\dfrac{1}{10}$

⑦ $5\dfrac{3}{10}$　⑧ $2\dfrac{1}{20}$　⑨ $3\dfrac{1}{2}$　⑩ $4\dfrac{23}{24}$　⑪ $4\dfrac{8}{9}$　⑫ $5\dfrac{5}{6}$

88회 (110p)

① $1\dfrac{1}{2}$　② $\dfrac{9}{10}$　③ $\dfrac{5}{14}$　④ $\dfrac{26}{45}$

⑤ $1\dfrac{1}{2}$　⑥ $\dfrac{9}{10}$　⑦ $\dfrac{5}{14}$　⑧ $\dfrac{26}{45}$

84회 (111p)

① $6\dfrac{5}{24}$　② $2\dfrac{11}{12}$　③ $5\dfrac{14}{45}$　④ $2\dfrac{3}{4}$　⑤ $6\dfrac{1}{5}$　⑥ $4\dfrac{2}{15}$

⑦ $4\dfrac{4}{9}$　⑧ $2\dfrac{1}{4}$　⑨ $4\dfrac{17}{20}$　⑩ $4\dfrac{5}{12}$　⑪ $6\dfrac{2}{21}$　⑫ $4\dfrac{4}{21}$

89회 (111p)

① $2\dfrac{2}{3}$　② $\dfrac{6}{7}$　③ $2\dfrac{7}{8}$　④ $\dfrac{17}{21}$　⑤ $2\dfrac{17}{28}$　⑥ $\dfrac{3}{10}$

⑦ $1\dfrac{7}{10}$　⑧ $4\dfrac{3}{4}$　⑨ $1\dfrac{1}{2}$　⑩ $\dfrac{2}{3}$　⑪ $2\dfrac{8}{9}$　⑫ $\dfrac{5}{6}$

85회 (112p)

① 식) $1\dfrac{8}{15}+2\dfrac{1}{3}$　답) $3\dfrac{13}{15}$ 통

② 식) $45\dfrac{3}{16}+1\dfrac{1}{2}$　답) $46\dfrac{11}{16}$ kg

③ 식) $3\dfrac{1}{6}+1\dfrac{4}{15}$　답) $4\dfrac{13}{30}$ kg

90회 (112p)

① 식) $5-2\dfrac{5}{8}$　답) $2\dfrac{3}{8}$ 통

② 식) $1\dfrac{3}{10}-1\dfrac{1}{12}$　답) $\dfrac{13}{60}$ km

③ 식) $4\dfrac{1}{2}-1\dfrac{1}{18}$　답) $3\dfrac{4}{9}$ kg

91회(114p)

01 $1\frac{7}{12}$ 02 $\frac{7}{24}$ 03 $1\frac{1}{20}$ 04 0

05 $1\frac{7}{12}$ 06 $\frac{7}{24}$ 07 $1\frac{1}{20}$ 08 0

1~4번 문제와 5~8번 문제는 푸는 방법이 다릅니다.
두가지 모든 방법으로 풀 수 있어야 합니다.

92회(115p)

01 $1\frac{5}{12}$ 02 $1\frac{14}{15}$ 03 $1\frac{7}{24}$ 04 $\frac{19}{20}$ 05 $1\frac{1}{6}$

06 $\frac{14}{15}$ 07 $\frac{23}{36}$ 08 $\frac{11}{12}$ 09 $\frac{13}{40}$ 10 $\frac{1}{6}$

93회(116p)

01 $3\frac{7}{8}$ 02 $3\frac{7}{15}$ 03 $\frac{7}{12}$

04 $3\frac{7}{8}$ 05 $3\frac{7}{15}$ 06 $\frac{7}{12}$

94회(117p)

01 $\frac{13}{18}$ 02 $3\frac{3}{4}$ 03 $3\frac{3}{5}$ 04 $3\frac{6}{7}$

05 $\frac{19}{24}$ 06 $4\frac{8}{15}$ 07 $2\frac{1}{2}$

95회(118p)

01 $1\frac{3}{8}$ 02 $3\frac{13}{30}$ 03 $3\frac{1}{4}$ 04 $5\frac{1}{5}$

05 $2\frac{11}{24}$ 06 $3\frac{1}{4}$ 07 $\frac{11}{20}$

96회(120p)

01 원주, 원의 중심 02 원주 03 원주율, 3.14

04 3.14, 3.1

05 6.28 06 18.84 07 10 08 2

97회(121p)

01 18.84 02 15.7 03 25.12 04 28.26 05 36.11

06 7, 3.5 07 3.5, 1.75 08 9, 4.5

09 1, 0.5 10 11, 5.5

98회(122p)

01 반지름, 원주의 $\frac{1}{2}$ 02 원주, 반지름, 반지름, 반지름, 반지름

03 반지름

04 28.26 05 3.14 06 50.24 07 19.625

99회(123p)

01 28.26 02 19.625 03 50.24 04 63.585

05 113.04

06 3.5, 38.465 07 2, 12.56 08 4.5, 63.585

09 0.5, 0.785 10 6, 113.04

100회(124p)

01 15.7, 19.625 02 28.26, 63.585 03 37.68, 113.04

04 25.12, 50.24 05 34.54, 94.985

06 1, 3.14 07 7, 153.86 08 9, 254.34

09 10, 314 10 3.5, 38.465

♡ 수고하셨습니다. ♡

이제 6학년 1학기 원리와 계산력 부분을 모두 배웠습니다.
이것을 바탕으로 서술형/사고력 문제도 자신있게 풀어보세요!!!

101회(총정리1회, 133p)

① $\dfrac{2}{3}$　② 10　③ $\dfrac{5}{6}$　④ $\dfrac{8}{9}$

⑤ 4　⑥ $3\dfrac{1}{2}$　⑦ $\dfrac{3}{34}$　⑧ $\dfrac{3}{8}$

⑨ $1\dfrac{1}{2}$　⑩ 12　⑪ $\dfrac{1}{60}$　⑫ $\dfrac{1}{3}$

⑬ $\dfrac{6}{7}$　⑭ 12　⑮ $\dfrac{27}{250}$　⑯ $\dfrac{9}{10}$

102회(총정리2회, 134p)

① 0.3　② 1.2　③ 1.7　④ 0.16

⑤ 2.4　⑥ 4　⑦ 12.8　⑧ 2.4

⑨ 0.3　⑩ 1.5　⑪ 0.28　⑫ 4.2　⑬ 2.3

103회(총정리3회, 135p)

① 0.35 … 0, 8×0.35=2.8

② 1.18 … 0.08, 9×1.18+0.08=10.7

③ 0.32 … 0.04, 13×0.32+0.04=4.2

④ 0.19 … 0.016, 5.6×0.19+0.016=1.08

⑤ 0.61 … 0.009, 2.1×0.61+0.009=1.29

⑥ 1.03 … 0.013, 3.9×1.03+0.013=4.03

⑦ 0.88 … 0, 2.5×0.88=2.2

⑧ 0.23 … 0.014, 4.2×0.23+0.014=0.98

⑨ 4.36 … 0.004, 3.6×4.36+0.004=15.7

104회(총정리4회, 136p)

① 268, 240　② 236, 240

③ 510, 756　④ 90, 54

⑤ 384, 512　⑥ 184, 160

⑦ 136, 80　⑧ 250, 250

105회(총정리5회, 137p)

① 5　② 8　③ 6　④ 맞은 개수　⑤ 국어점수

⑥ 호박꽃의 수　⑦ 남학생의 수　⑧ 착한사람

⑨ 서울에 사는 사람수　⑩ 1반 학생수

⑪ 5, 4, $\dfrac{4}{5}$, 0.8　⑫ 4, 5, $1\dfrac{1}{4}$, 1.25

⑬ 20, 8, $\dfrac{2}{5}$, 0.4　⑭ 2, 10, 5, 5

⑮ 10, 5, $\dfrac{1}{2}$, 0.5　⑯ 8, 16, 2, 2

⑰ 25, 100, 4, 4　⑱ 20, 4, $\dfrac{1}{5}$, 0.2

⑲ 45, 18, $\dfrac{2}{5}$, 0.4　⑳ 20, 60, 3, 3

106회(총정리6회, 138p)

① 10　② 153　③ 24500　④ 73

⑤ 200　⑥ 25000　⑦ 200　⑧ 365

107회(총정리7회, 139p)

① $\dfrac{5}{12}$　② $4\dfrac{1}{30}$　③ $4\dfrac{11}{18}$　④ $3\dfrac{1}{24}$

⑤ $1\dfrac{1}{2}$　⑥ $3\dfrac{7}{12}$　⑦ 0

108회(총정리8회, 140p)

① 3.14　② 50.24　③ 12.56　④ 78.5

⑤ 314

⑥ 0.5, 0.785　⑦ 3, 28.26　⑧ 1.5, 7.065

⑨ 6, 113.04　⑩ 2.5, 19.625

♡ 수고하셨습니다. ♡

총정리 문제에서 어려운 문제는 다시 확인합니다.
공부는 복습이 아주 중요합니다!!!

MeMo